数値の処理と数値解析

櫻井鉄也

（改訂版）数値の処理と数値解析（'22）

©2022　櫻井鉄也

装丁・ブックデザイン：畑中　猛

s-26

まえがき

　コンピュータによる数値計算は，自然現象のシミュレーション，Web データの分析，製品の設計や開発など，幅広い分野で利用されている．データサイエンスや機械学習，人工知能などの分野でもその基本的な処理は数値計算が行われており，これらの応用においても数値の処理を理解することが役立つ．本講では，コンピュータにおける数値の表現や処理，数値計算の仕組みやアルゴリズムの基本的な性質を理解することを目標とする．あわせて，数値計算のためのプログラミングの基礎的な考え方についても修得する．

　実験と理論は，現象の理解や解析，予測において重要な役割を果たし，これらの手法を用いた科学は，それぞれ実験科学，理論科学と呼ばれている．これに対して，コンピュータを用いて現象を解明したり予測したりする手法は計算科学と呼ばれ，実験科学，理論科学に続く第3の科学に位置づけられる．また，データに基づく科学は第4の科学と呼ばれており，科学のパラダイムにおいてもコンピュータを前提とした科学が重要になってきている．

　着目している現象を何らかの方程式で表し，それを解くことで，対象に対する知識が得られる．このような方程式の解を数値計算でどうやって求めるかを考えるのが数値解析である．実際の問題で現れる方程式は，複雑であったり規模が大きいなど，簡単には解が得られないことが多い．コンピュータが現れたことで膨大な計算が可能になり，数値解析によって扱える対象が大きく広がった．そのため，いまでは数値解析はコンピュータを前提とした数学とも言える．また，計算物理や計算化学，計算生物学など，コンピュータを利用することを前提とした物理，化学，生物学

4

などランも重要な役割を果たすようになってきている．Webやセンサーから得られる大量のデータの解析など，情報科学でも大規模な計算が必要とされる．

　計算方法の説明では線形代数や微積分が現れるため，これらの基礎知識があることが望ましい．本書では，できるだけ基本的な説明から始めるようにして，線形代数や微積分の知識を再確認できるようにしている．とくに行列やベクトルは計算法を考える上で基礎となるため，その説明のための章を設けている．本書では，数値計算で現れる用語や基本的な概念の理解に重点を置いている．そのため，個々の理論の証明などにはあまり踏み込んでいない．より踏み込んだ知識が必要なときには，それぞれの専門的な書籍にあたっていただきたい．

　数値計算は，実際にコンピュータ上で実行して結果を確認することがより深い理解につながる．そのため，講義中で紹介するプログラミング言語や数値計算ツールを使って数値計算を実際に経験してみることを勧める．コンピュータは便利な道具であり，それを使いこなすことで目的に早く効率的に到達することが可能となる．便利な道具の一つであるが，それをただ単にブラックボックスとして使うのではなく，ぜひその中身についても理解を深めてほしい．

2022 年 2 月

櫻井鉄也

目　次

1 コンピュータと数値計算

《**目標＆ポイント**》 数値解析と数値の処理に関する概観と，数値計算の手順を示すアルゴリズムや計算量などの基本的な概念を説明する．また，コンピュータを使って計算をするときによく現れる漸化式や直接法，反復法といったことがらについても説明する．

《**キーワード**》 アルゴリズム，漸化式，計算量，反復計算

1.1 現象のモデル化と解析

コンピュータは我々の日常生活において欠かせないものとなり，さまざなところで使われるようになっている．コンピュータにとって「計算すること」はもっとも得意なことであり，それによって製品を設計したりその性能を解析する，新しい薬や高機能な素材を開発する，経済の動向を予測する，ウィルス感染の広がりを予測する，インターネット上の人の行動を解析する，医療画像から病変を発見する，ビッグデータを分析するなど，その利用範囲は広い．このとき，対象とする現象をコンピュータ上で扱うことが必要となる．

対象とする現象を数式で表すことを数式による**モデル化** (modeling) と呼び，得られた式は**数式モデル** (mathematical model) と呼ばれる．また，観測や測定して得られた大量のデータによってパターンを見つけたり予測を行うための関係を表したものは**機械学習モデル** (machine learning model) と呼ばれている．

　実際の問題で現れる数式や方程式は，複雑で規模が大きいなど簡単には計算できないことも多い．そのため，コンピュータで扱えるような別の式で近似的に表し，得られた近似式を用いて計算をする．このような計算手法に関する分野は**数値解析** (numerical analysis) と呼ばれる．

　近似による計算はコンピュータが現れるはるか以前から行われてきた．たとえば，平方根の計算や円周率は紀元前から近似式が考えられてきた．また，いろいろな関数も数表を用いて近似値を求めていた．コンピュータが現れたことで膨大な計算が可能になり，数値解析によって扱える対象が大きく広がった．それにともなって，コンピュータを利用することを前提とした数学や物理，化学，生物学などが考えられるようになった．

　ここで，現象を数式で表すモデリングの簡単な例として，以下のような状況を考えてみる．ある町では毎年，運動をしていない人の 2 割は運動を始めるが，逆に運動をしている人の 4 割がやめてしまう．この状況が何年か続いたとき，運動をしている人の割合はどうなるだろうか．

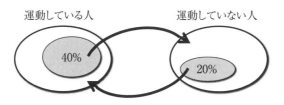

図 1.1　運動している人の変化

　運動をしている人としていない人の毎年の変化の様子を図 1.1 に示す．この状況を数式で表してみよう．ある年の運動をしている人の割合を x_1，運動をしていない人の割合を x_2 とする．また，一年後に運動をしている人，していない人の割合をそれぞれ x'_1，x'_2 とする．毎年，運動している人の 6 割は運動を続けることから，$0.6x_1$ が次の年も運動をしている．ま

た，運動していない人の 2 割は新たに運動を始めることから，$0.2x_2$ が加わる．そのため，これらを合わせた $0.6x_1 + 0.2x_2$ が次の年に運動をしている人の割合となる．

運動していない人についても同様に求めると，次の年に運動をしていない人は $0.4x_1 + 0.8x_2$ である．したがって，

$$
\begin{cases}
x_1' = 0.6x_1 + 0.2x_2 \\
x_2' = 0.4x_1 + 0.8x_2
\end{cases}
\tag{1.1}
$$

の関係がある．この関係式に従って計算すると一年後の変化がわかる．x_1'，x_2' をあらためて x_1，x_2 とおき，式 (1.1) を適用すると，さらに次の年の値が得られる．それを繰り返すことで何年か経過したときにどうなるかを求めることができる．

初期状態として，運動をしている人の割合を α，していない人の割合を $1-\alpha$ として，α の値を 0 から 1 まで変えて計算した結果を図 1.2 に示

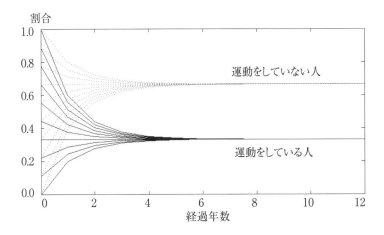

図 1.2　運動している人の変化

す．この結果から，最初の割合にかかわらず，何年か経過するとある一
定の割合に近づくことが分かる．実際,

$$x_1 = \frac{1}{3}, \quad x_2 = \frac{2}{3} \tag{1.2}$$

とおくと,

$$\begin{aligned}
x_1' &= 0.6 \times \frac{1}{3} + 0.2 \times \frac{2}{3} = \frac{1}{3}, \\
x_2' &= 0.4 \times \frac{1}{3} + 0.8 \times \frac{2}{3} = \frac{2}{3}
\end{aligned} \tag{1.3}$$

であり，$x_1' = x_1$，$x_2' = x_2$ となる．

　ここで示した例は運動をしているかしていないかという2つの状態だっ
たが，たとえば，あるWebページを見ている人が他のページにリンクを
たどって移動することを考えると，複数のページの間を人が移動してい
る状況となる．図1.3に示すようなWebページ間のリンクを考える．対
象とするWebページの総数を n とする．それぞれのWebページに1番
から n 番まで通し番号を振ってあるとし，i 番のページを見ている人の割
合を x_i とする．j 番目のページから i 番目のページにリンクが張ってあ

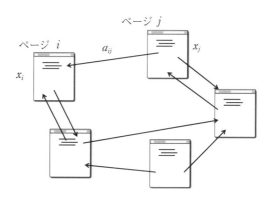

図1.3　Webページ間の人の移動

り，そのリンクをたどってページを移動する確率を a_{ij} とする．移動後に i 番目のページを見ている人の割合を x'_i とすると，以下のようになる．

$$
\left\{
\begin{array}{l}
x'_1 = a_{11}x_1 + a_{12}x_2 + \cdots + a_{1n}x_n \\
x'_2 = a_{21}x_1 + a_{22}x_2 + \cdots + a_{2n}x_n \\
\quad\quad\quad\quad\vdots \\
x'_n = a_{n1}x_1 + a_{n2}x_2 + \cdots + a_{nn}x_n
\end{array}
\right. \tag{1.4}
$$

これは，運動をしている人としていない人のそれぞれのグループからの移動の式において，変数を 2 個から n 個に拡張した式になっている．

式 (1.1) は，行列とベクトルを用いると以下のように表すことができる．

$$
\left[\begin{array}{c} x'_1 \\ x'_2 \end{array}\right] = \left[\begin{array}{cc} 0.6 & 0.2 \\ 0.4 & 0.8 \end{array}\right] \left[\begin{array}{c} x_1 \\ x_2 \end{array}\right]. \tag{1.5}
$$

ここで，

$$
A = \left[\begin{array}{cc} 0.6 & 0.2 \\ 0.4 & 0.8 \end{array}\right], \quad \boldsymbol{x} = \left[\begin{array}{c} x_1 \\ x_2 \end{array}\right], \quad \boldsymbol{x}' = \left[\begin{array}{c} x'_1 \\ x'_2 \end{array}\right] \tag{1.6}
$$

とおくと，式 (1.5) は

$$
\boldsymbol{x}' = A\boldsymbol{x} \tag{1.7}
$$

と表せる．したがって，1 年後に運動をしている人としていない人の割合の変化は，行列をベクトルにかける操作で表せる．行列に関するより詳しい説明は第 4 章にある．

何年か経ったときの割合は，行列 A をベクトルに何度もかけることで求められる．一定の状態になったとすると，A をかけても変化が起きないため，適当なベクトル $\boldsymbol{x}$ について

$$
\boldsymbol{x} = A\boldsymbol{x} \tag{1.8}
$$

となる．このようなベクトルを求める問題は固有値問題と呼ばれ，第 9 章で扱う．

Web ページの例を行列とベクトルで表すと

$$
\begin{bmatrix} x_1' \\ x_2' \\ \vdots \\ x_n' \end{bmatrix} = \begin{bmatrix} a_{11} & a_{12} & \cdots & a_{1n} \\ a_{21} & a_{22} & \cdots & a_{2n} \\ \vdots & \vdots & & \vdots \\ a_{n1} & a_{n2} & \cdots & a_{nn} \end{bmatrix} \begin{bmatrix} x_1 \\ x_2 \\ \vdots \\ x_n \end{bmatrix} \tag{1.9}
$$

となる．この係数行列を A とおく．また，ベクトル x，x' を n 次元ベクトルとすると，運動をしている人としていない人の例と同様に，上式は $x' = Ax$ と表記できる．したがって，Web ページを閲覧している人の移動も行列 A をベクトル x にかける操作に帰着する．

1.2 アルゴリズムと処理の制御

コンピュータで計算するためには，どんな式を使って何を計算するか，次にその結果を使ってどのように計算するか，といったように，計算のしかたやどの値を用いるかなどを順を追って示す必要がある．このような処理を行うときの手順を示すのが**アルゴリズム** (algorithm) であり，このアルゴリズムに従ってコンピュータに指示を与えるのが**プログラム** (program) である．

アルゴリズムで示す処理は，コンピュータだけを前提としたものではない．アルゴリズムとして古くから知られているものに，2 つの自然数の最大公約数を求める**ユークリッドの互除法** (Euclid's algorithm) がある．そのアルゴリズムは

1) 入力を $m, n(m \geq n)$ とする．
2) n が 0 なら m を最大公約数として計算を終了する．

　3)　m を n で割った余りを r とする.

　4)　m に n を代入, n に r を代入してステップ 2) に戻る.
のように表せる.

　アルゴリズムを記述するときの処理として, とくに数値計算を考えると以下のようなものが考えられる.

- 変数への値の代入
- 加減乗除算などの演算
- 条件分岐
- 繰り返し

　アルゴリズムの記述では, 日常的な言葉での説明では正確に伝わらない. プログラム言語を用いると正確ではあるが, プログラム言語固有の記述や処理も含まれ, 人間にとっては読みにくいものとなる. そのため, **擬似コード** (pseudocode) と呼ばれるプログラム言語に近い記述法を用いることが多い. 擬似コードは, 入力や出力など計算を始める前の設定などを記述する宣言部と実際に代入や条件分岐などを行う処理部から構成される. 擬似コードの記述については, 次章においていくつかの例とともに説明する.

　処理の手順を表す方法として, 擬似コード以外には**フローチャート** (flow chart) がある. フローチャートの例を図 1.4 に示す. この例では, ユークリッドの互除法を示している. ここで, 式 $m \bmod n$ は, m を n で割った余りを求める計算を表している. また, 表記 $a \leftarrow b$ は, 変数 b の値を変数 a に代入することを表している.

　アルゴリズムによって処理を行うとき, どれくらいの手間がかかるかを見積もる指標として**計算量** (computational complexity) がある. 数値計算の場合には, 処理中で現れる加減乗除算の回数によって計算量を見積もる.

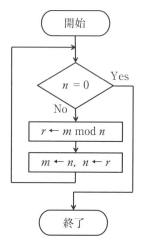

図 1.4 フローチャートの例

　とくに規模が大きくなると，問題の規模の変化に応じてどれくらい時間がかかるかを見積もるのに計算量の**オーダー** (order) は有効である．たとえば，n^2 に比例するような計算法では n が 2 倍になると計算時間は $2^2 = 4$ 倍程度とみなせる．計算量が n^2 に比例するとき，n^2 のオーダーといい，$O(n^2)$ と表す．未知数の数が n 個の連立一次方程式を解くための計算量は，第 5 章で示すように $O(n^3)$ である．これより，n が 2 倍になったとき計算量は $(2n)^3 = 8n^3$ であるので，約 8 倍になる．n が 10 倍になったときには，$(10n)^3 = 1000n^3$ となり約 1000 倍の計算が必要になる．これは計算にどれくらいの時間がかかるかの目安になる．$n = 1,000$ のときに 1 秒を要する処理があり，その計算量のオーダーが n^3 であるとすると，$n = 2,000$ では 8 秒程度かかり，$n = 10,000$ では 1,000 秒程度かかると予想される．規模の大きな問題を扱うときには，そこで現れる計算法の計算量がどの程度であるかをあらかじめ知っておく必要がある．

　未知数が n 個のとき，計算量が n の**階乗** (factorial) に比例するような連立一次方程式の解法がある．ここで n の階乗は $n!$ と表し，

$$n! = 1 \times 2 \times \cdots \times (n-1) \times n \tag{1.10}$$

である．オーダーが n の階乗の計算量は $O(n!)$ と表す．表 1.1 にいくつかの n について n^3 や $n!$ の値を示す．これをみると，手計算で現れるような $n = 2$ や 3 程度では階乗はたいしたことはないが，n が大きくなるに従って急激に増大している．**高速フーリエ変換** (fast Fourier transform) の計算量は $O(n \log_2 n)$ である．n が 10 倍になったとき $(10n)(\log_2 10n)$ であり，n^2 や n^3 と比べるとこの値ははるかにゆっくりと増加する．

　階乗のおおよその値は**スターリングの公式** (Stirling's formula) によっ

表 1.1　オーダーによる値の比較

n	$n \log_2 n$	n^2	n^3	$n!$
2	2.0	4	8	2
3	4.7	9	27	6
4	8.0	16	64	24
5	11.6	25	125	120
6	15.5	36	216	720
7	19.6	49	343	5040
8	24.0	64	512	40320
9	28.5	81	729	362880
10	33.2	100	1000	3628800
100	664.3	10^4	10^6	9.33262×10^{157}
1000	9965.7	10^6	10^9	4.02387×10^{2567}

て見積もることができる．これは

$$n! \approx s(n) = \sqrt{2\pi n} \times \frac{n^n}{e^n} \tag{1.11}$$

で与えられる．ここで，$e = 2.7182818\cdots$ は自然対数の底であり，**ネイピア数** (Napier's constant) と呼ばれる．この式で計算すると，$s(5) = 118.0$，$s(10) = 3.5987 \times 10^6$，$s(100) = 9.3248 \times 10^{157}$ となり，階乗のおおよその値を見積もることができる．ただし，計算に用いるプログラム言語の多くでは $n = 1000$ で計算すると，$s(1000) = \text{Inf}$ のような結果となる．表記'Inf' は，計算結果が計算機で扱える範囲を超えていることを表しており，このような数値の問題については第 3 章で説明する．

1.3　漸化式による計算

フィボナッチ数列 (Fibonacci sequence) は $0, 1, 1, 2, 3, 5, 8, \ldots$ で与えられ，黄金比やひまわりの種の並び方などで現れる．これは $F_0 = 0$，$F_1 = 1$ として，次のような式で計算できる．

$$F_k = F_{k-1} + F_{k-2}, \quad k = 2, 3, \ldots. \tag{1.12}$$

この数列の隣り合う値の比 F_k/F_{k-1} は k が大きくなると黄金比 $(1+\sqrt{5})/2$ に近づくことが知られている．

このような，前に求めた項からその次の項を計算する式を**漸化式** (recurrence relation) と呼び，コンピュータでは多くの計算で漸化式が現れる．とくに式中に 2 つの項が現れる場合を 2 項漸化式，3 つの項が現れる場合には 3 項漸化式と呼ぶ．フィボナッチ数列は 3 項漸化式である．

漸化式を計算するためには数列の最初の項はあらかじめ与えられている必要がある．フィボナッチ数列では $F_0 = 0$，$F_1 = 1$ が与えられると，

漸化式から F_2 以降の値が計算できる．このような最初に与えられる数値を**初期値** (initial value) という．

先に示した運動をしている人と運動をしていない人の割合の変化でも，前の年の割合から次の年の割合が求められる．ここで，ある基準となる年から k 年経過したときの運動をしている人としていない人の割合を，それぞれ変数の右上に (k) をつけることで表し，$x_1^{(k)}$, $x_2^{(k)}$ とする．また，最初の割合を $x_1^{(0)}$, $x_2^{(0)}$ とする．このとき，

$$\begin{cases} x_1^{(k)} = 0.6x_1^{(k-1)} + 0.2x_2^{(k-1)} \\ x_2^{(k)} = 0.4x_1^{(k-1)} + 0.8x_2^{(k-1)} \end{cases}, \quad k = 1, 2, \ldots \quad (1.13)$$

となる．また，行列 A とベクトル $\boldsymbol{x}^{(k)}$ を

$$A = \left[\begin{array}{cc} 0.6 & 0.2 \\ 0.4 & 0.8 \end{array} \right], \quad \boldsymbol{x}^{(k)} = \left[\begin{array}{c} x_1^{(k)} \\ x_2^{(k)} \end{array} \right] \quad (1.14)$$

とおくと，式 (1.13) は

$$\boldsymbol{x}^{(k)} = A\boldsymbol{x}^{(k-1)}, \quad k = 1, 2, \ldots \quad (1.15)$$

と表すことができる．

ここで漸化式を用いて計算する例として，**乱数列** (random number sequence) の計算を示す．乱数列は規則性のない数値の列のことで，コンピュータではよく用いられる．コンピュータの場合には計算によって求めるため，ある規則に従っており厳密には乱数ではない．このような計算によって得られる乱数に近い数列を**疑似乱数** (pseudo-random number) と呼ぶが，多くの場合はこのような数値も単に乱数と呼んでいる．与えられた区間内に一様に分布する**一様乱数** (uniform random number)，正規分布に従う**正規乱数** (normal random number) などがある．

　一様乱数の列を生成する方法として**線形合同法** (linear congruential method) がある．この方法では適当な整数 α, β, m について，与えられた整数 q_0 から以下のような漸化式で整数の列 $q_1, q_2, \ldots$ を求める．

$$q_k = (\alpha \times q_{k-1} + \beta) \bmod m, \quad k = 1, 2, \ldots \tag{1.16}$$

これにより，$0 \leq q_k < m$ の整数の列が得られる．m で割ることで，$0 \leq q_k/m < 1$ となり，1 未満の実数の列となる．この数列は区間 $[0, 1)$ 内に一様に分布する乱数列を与える．

　区間 $[0, 1)$ の乱数 r に対して，

$$r' = (b - a) \times r + a \tag{1.17}$$

によって r' は区間 $[a, b)$ に移る．このようにして，任意の区間に分布する乱数が得られる．たとえば，$\alpha = 1103515245$, $\beta = 12345$, $m = 2^{32} = 4294967296$ とし，$q_0 = 1$ から計算をすると，計算した結果 $q_k, k = 1, 2, \ldots$ は表 1.2 のようになる．q_0 は**乱数列の種** (seed) と呼ばれ，これを適当に取り替えることで異なる乱数列となる．q_k/m によって 0 と 1 の間に分布する乱数となる．また，$6 \times (q_k/m) + 1$ によって $[1, 7)$ に分布する乱数となり，その整数部分を取り出す計算 $\lfloor 6 \times (q_k/m) + 1 \rfloor$ によって 1 から 6 の整数となる．ここで，記号 $\lfloor x \rfloor$ は**床関数** (floor function) と呼ばれ，x 以下の最大の整数を表す．x が正の実数のとき x の整数部分を表す．また，これに関連する関数として，$\lceil x \rceil$ は**天井関数** (ceiling function) と呼ばれ，x 以上の最小の整数を表す．

　この計算で区間 $[0, 1)$ に分布する $2n$ 個の乱数を求め，それを 2 個ずつ組み合わせて n 個の組 $p_k = (x_k, y_k), k = 1, 2, \ldots, n$ とする．これによって，$[0, 1) \times [0, 1)$ 領域内に分布する n 個の点が得られる．

表 1.2　合同法によって計算した疑似乱数列の例

k	q_k	q_k/m	$\lfloor 6 \times (q_k/m) + 1 \rfloor$
1	1103527590	0.256935	2
2	2524885248	0.587871	4
3	2480901120	0.577630	4
4	1524026368	0.354840	3
5	3885829120	0.904740	6
6	3213249536	0.748143	5
7	1062636544	0.247414	2
8	2659306496	0.619168	4
9	3513519104	0.818055	5
10	1588153344	0.369771	3

1.4　反復計算

　実数 a, b が与えられたとき，1 次方程式 $ax+b=0$ の解は $a \neq 0$ のとき $x = -b/a$ と表される．このように解が直接式で与えられるような場合には，その計算は**直接法** (direct method) と呼ばれる．これに対して，高次の代数方程式のように解の公式が存在しない場合には，適当な解の**近似値** (approximation) を与えて，何らかの計算によってより解に近い値を求める．これを繰り返すことで徐々に近似解を真の解に近づけていく方法を**反復法** (iterative method) という．

　ここで，反復によって方程式を解く方法の例として **2 分法** (bisection method) を示す．2 次式 $f(x) = x^2 - 2$ に対して，区間 $[1,2]$ において $f(x) = 0$ となる解 x を求める．$f(1) < 0$ および $f(2) > 0$ であることか

ら，$f(x)$ は 1 と 2 の間で符号が変わり，$f(x)$ の連続性から中間値の定理
によって，$f(x) = 0$ となる x が区間 $[1, 2]$ に存在する．図 1.5 に示すよう
に $f(1.5) > 0$ であるので，区間 $[1, 1.5]$ に $f(x) = 0$ となる x がある．そ
のため，区間 $[1, 1.5]$ について同じことを行ってさらに区間を狭めていく．

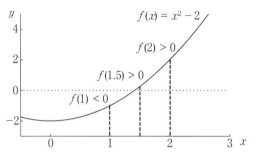

図 1.5　2 分法による方程式の反復解法

　区間を $[a, b]$ とし，区間の中点を $c = (a + b)/2$ とする．$f(a)$ と $f(c)$ の
符号が異なるとき，区間 $[a, c]$ の間に $f(x) = 0$ となる x があり，そうで
ないなら区間 $[c, b]$ において $f(x) = 0$ となる x がある (中間値の定理)．
そのため，$f(a)$ と $f(c)$ の符号によって次に選ぶ区間を変える．新しく選
んだ区間を対象として同様の操作を行う．これを繰り返すことで区間の
幅は $1/2$ ずつ減少していく．区間の幅が十分に小さくなったところで反
復を終了する．このアルゴリズムを以下に示す．

1) $a = 1, b = 2$ とする．

2) $f(a), f(b)$ を計算する．

3) a と b の中点 $c = (a + b)/2$ を求める．

4) $f(c)$ を求める．

5) $f(a)$ と $f(c)$ の符号が同じなら a の値を c で置き換え，そうでな
   いなら b の値を c で置き換える．

6) 区間幅 $|b - a|$ が十分に小さくなったら計算を終了，そうでない
　　ならばステップ 3) から繰り返す．

実際に数値計算をした結果を表 1.3 に示す．表において，$\text{sign}(f(c))$ は
$f(c)$ の値の符号を表す．この例では $a = 1$，$b = 2$ から始め，$f(1) < 0$，
$f(2) > 0$ である．そのため，$f(c) > 0$ のときは左側の区間 $[a, c]$ が，
$f(c) < 0$ のときは右側の区間 $[c, b]$ が次の区間として選ばれる．1 ステッ
プ目では $f(c) > 0$ であるため，左側の区間が選ばれる．2 ステップ目で
は $f(c) < 0$ のため，右側の区間が選ばれる．区間幅 $|b - a|$ があらかじ
め設定した値以下になったところで反復を停止し，得られた c を解の近
似値とする．

区間 $[1, 2]$ において $x^2 - 2 = 0$ となるのは $x = \sqrt{2} = 1.41421356\cdots$ で
ある．7 回の反復により，区間 $[1.41406, 1.42188]$ に $f(x) = x^2 - 2 = 0$ の
1 つの解があることが分かる．このときの区間幅は $1.42188 - 1.41406 =$
0.00782 である．

表 1.3　2 分法による $f(x) = x^2 - 2$ の零点探索

k	a	c	b	$\text{sign}(f(c))$
1	1.00000	1.50000	2.00000	$+$
2	1.00000	1.25000	1.50000	$-$
3	1.25000	1.37500	1.50000	$-$
4	1.37500	1.43750	1.50000	$+$
5	1.37500	1.40625	1.43750	$-$
6	1.40625	1.42188	1.43750	$+$
7	1.40625	1.41406	1.42188	$-$
8	1.41406	1.41797	1.42188	$+$
9	1.41406	1.41602	1.41797	$+$
10	1.41406	1.41504	1.41602	$+$

1. 第 1.2 節で示したユークリッドの互除法のアルゴリズムにしたがって，$m = 85, n = 60$ の最大公約数を求めよ．このとき，ステップ 2) は何回実行されるか．また，ステップ 4) において m と n の値がどのように変わるか示せ．図 1.4 のフローチャートにしたがって計算を実行し，同じ結果が得られることを確認せよ．

2. 計算量が n の階乗に比例する方法を用いて計算機で計算したとき，$n = 5$ で 1 秒で結果が得られた．実行時間は計算量のみに依存するとしたとき，$n = 10$ では何秒かかると予想されるか．また，$n = 15$ ではどれくらいの時間がかかると予想されるか．計算量が n^3 に比例する場合についても，同様の考察をせよ．

3. $0 < r < 1$ となる実数 r が与えられたとき，式 (1.17) を用いて $-1 < r' < 1$ となる r' を求める式を示せ．摂氏温度 C が 0 °C から 100 °C のとき，対応する華氏温度 F は 32 °F から 212 °F となる．このとき，C と F の変換式を示せ．

4. 初期値を $x_0 = 1$ として，漸化式 $x_{k+1} = (x_k + 2/x_k)/2$ によって x_1, x_2, x_3 を求めよ．$x_{k+1} - \sqrt{2} = \dfrac{1}{2x_k}(x_k - \sqrt{2})^2$ を示せ．

5. $a = 1, b = 2$ を初期値として 2 分法によって解を求めるとき，何回反復すると区間幅が 10^{-3} 以下となるか．また，区間幅が 10^{-6} 以下となるには何回の反復を要するか．ここで，$\log_2 10 = 1/\log_{10} 2 \approx 3.32$ を用いよ．

2 | 計算アルゴリズムの表現

《**目標&ポイント**》 数値計算のアルゴリズムをどのように記述するかについて説明する. コンピュータで計算を実行するために用いるプログラム言語や, アルゴリズムを表すための擬似コードについて述べる. 計算結果の確認や解析で役に立つ数値データのグラフ表示などについても説明する.

《**キーワード**》 数値計算のプログラム, 入力と出力, 変数と代入, 条件分岐と繰り返し, 計算結果の表示

2.1 数値計算のプログラム

アルゴリズムをコンピュータで実行するためには, それをプログラム言語で記述する. プログラムを記述したものを**ソースコード** (source code) という. プログラム言語としては, あらかじめプログラムのソースコードをコンピュータが実行する形式に変換しておく**コンパイラ** (compiler) 型の言語と, 実行時にプログラムの記述を解析しながら処理を行う**インタプリタ** (interpreter) 型の言語がある.

コンパイラ型の言語としては C, C++, FORTRAN, Java, Julia などがある. インタプリタ型の言語としては, Python, Ruby, MATLAB, R などが挙げられる. インタプリタ型は実行時に逐次的にプログラムを解釈するため, 1 行ずつ結果を確かめながら処理を進めるような対話的な実行が可能である. そのため, プログラムの開発や動作の理解などの効率がよい. その反面, コンパイラ型の言語と比較して, 実行速度は遅

い傾向がある.

　この中で MATLAB は, Matrix Laboratory が名前の由来であり, 数値計算で重要な役割を果たす行列やベクトルが扱いやすいように設計された言語である. また, 計算結果のグラフ化などのための機能も豊富に用意されている. MATLAB と類似の機能を備えたプログラム言語として Scilab, GNU Octave, Julia, R などがある. また, Python で行列やベクトルを扱うときには, numpy や scipy などのパッケージを利用する. 計算結果を確認するときには, グラフとして表示すると分かりやすい. グラフを表示するソフトウェアとしては gnuplot などがある. また, 前述の MATLAB や Scilab などもさまざまなグラフの表示をする関数を備えている. Python や Julia などではグラフ描画のためのパッケージが用意されている. また, スプレッドシートと呼ばれる表計算ソフトもデータを用いた計算やグラフの描画などで便利である.

　本書では, MATLAB などの数値計算や計算結果の可視化などが容易に行えるように設計された言語を**数値計算ツール**と呼ぶ. このような数値計算ツールを用いることで, アルゴリズムの検証やソフトウェア開発が効率的に行える. 大規模な計算などで高速性が要求される場合には, C や FORTRAN のようなコンパイラ型の言語が必要となる. しかし, その場合でも事前に MATLAB などの数値計算ツールでプログラムを作成し, まず小規模なテスト問題で数値計算ツールの結果と比較しながら C や FORTRAN プログラムを作成することで, プログラム作成の効率が大きく改善される. 数値計算は, コンピュータの中で起きていることを実験によって調べたり検証する実験科学的な側面をもつ. また, アルゴリズムを理解する上でも実際に自分でプログラムを作成し, コンピュータ上で動作させて確かめることが役立つ.

2.2 擬似コードによる記述

数値計算のアルゴリズムを擬似コードで記述するときに必要となるのは，**代入** (substitution)，**演算** (operation)，**条件分岐** (conditional branch)，**繰り返し** (repetitive process) である．

代入操作は記号 ← で表し，$a \leftarrow 1$ と表記すると変数 a に値 1 を代入する操作を表す．

条件分岐は，与えられた条件を満たすかどうかで処理を変える処理である．これは以下のように表す．

if 条件 **then**
　　条件が成り立つときの処理
else
　　条件が成り立たないときの処理
end if

これは **if 文** (if statement) と呼ばれる．たとえば，変数 x の値が 0 以上のとき変数 f に x の値を代入，それ以外のときは 0 を代入する処理は以下のようになる．

if $x \geq 0$ **then**
　　$f \leftarrow x$
else
　　$f \leftarrow 0$
end if

この処理は **ReLU**(Rectified Linear Unit) と呼ばれ，**深層学習**(deep learning) での**活性化関数**(activate function) として用いられる．

28

　計算の処理として条件分岐以外に繰り返し処理がある．あらかじめ決まった回数の繰り返しを行うようなときには，以下のように記述する．

for $k = 1, 2, \ldots, n$ **do**
　　$a_k \leftarrow 1/k^2$
end for

この処理では，まず $k = 1$ として a_1 に $1/1^2$ を代入し，次に $k = 2$ として a_2 に $1/2^2$ を代入，これを k が n になるまで繰り返す．このような繰り返し処理を **for ループ** (for loop) と呼ぶ．上記の例では k は 1 ずつ増加しているが，この増加する値を**刻み幅** (step size) という．刻み幅は 2 以上の値や負の値をとることもできる．

　数列の和

$$s = \sum_{i=1}^{n} a_i \tag{2.1}$$

の計算は，for ループを用いて表すことができる．始めに変数 s について $s = 0$ としておき，i を 1 から順に増加させ，s に a_i を加えていく．このアルゴリズムは Algorithm 2.1 のように表される．

Algorithm 2.1 a_1 から a_n までの和

　input: $a_1, \ldots, a_n$
　output: s
　$s \leftarrow 0$
　for $i = 1, 2, \ldots, n$ **do**
　　$s \leftarrow s + a_i$
　end for

　与えられた条件が成り立つ間繰り返しを続けるような場合には，以下のように **while ループ** (while loop) によって表す．

while 条件 **do**

　繰り返し実行する処理

end while

while ループでは繰り返し処理の最初に条件を判定する.

　ユークリッドの互除法は while ループを用いて Algorithm 2.2 のように記述することができる. 前章ではユークリッドの互除法は繰り返しを終了する条件が「$n = 0$ になったら」としていたが, ここでは while ループを用いるために,「$n > 0$ が成り立つ間」としている.

Algorithm 2.2 ユークリッドの互除法

　input: m, n

　output: m

　while $n > 0$ **do**

　　$r \leftarrow m \bmod n$

　　$m \leftarrow n$

　　$n \leftarrow r$

　end while

　繰り返し処理の最後で判定をする場合には以下のような **until ループ** (until loop) を用いる.

　repeat

　　繰り返し実行する処理

　until 条件

2 分法はこの until ループを用いて Algorithm 2.3 のように記述できる. $f(a)$ と $f(c)$ が同符号のとき $f(a) \times f(c)$ は正であり, 異符号のときには $f(a) \times f(c)$ が負となることを条件分岐の判定に利用している. δ は適当な正の値で, 区間幅 $|b - a|$ が δ 以下となったら処理を終了する.

Algorithm 2.3 2 分法

  input: $f(x)$, a, b, δ

  output: a, b

  repeat

    $c \leftarrow (a + b)/2$

    if $f(a) \times f(c) > 0$ **then**

      $a \leftarrow c$

    else

      $b \leftarrow c$

    end if

  until $|b - a| \leq \delta$

---

while ループや until ループでは，繰り返し処理の先頭や最後で条件を判定していた．これに対して，繰り返し処理のステップの途中で与えられた条件を満たした場合に処理を終了したい場合やそれ以後の処理を飛ばして次の繰り返し処理を始めたい場合などがある．そのような処理を表す命令として **break 命令** (break statement) や **continue 命令** (continue statement) がある．

条件を満たしたとき，その繰り返し処理のループを抜け出すには break 命令を以下のように用いる．

  for 繰り返しの条件 **do**

    処理 1

    if 条件 **then**

      break

    end if

　　処理 2

　end for

この場合，if 文の条件が満たされたとき，処理 2 を行わずにこの繰り返しのループを抜け出す.

　条件を満たしたとき，その繰り返し処理のループ内のそれ以後の処理を飛ばして，次の繰り返し処理を始めたい場合には continue 命令を用いる.

　for 繰り返しの条件 **do**
　　処理 1
　　if 条件 **then**
　　　continue
　　end if
　　処理 2
　end for

この場合には，if 文の条件が満たされたとき，処理 2 をとばして for ループの繰り返し処理を行う.

　ここで，for ループと if 文を組み合わせた擬似コードの記述例として**モンテカルロ法** (Monte Carlo method) による円周率 π の計算の手順を示す. ただし，この計算方法は円周率の計算法としては効率はよくないので，実際の計算ではより効率のよい方法を用いていることに注意する. 図 2.1 に示すように，xy 平面上で左下の頂点を原点とした一辺の長さが 1 の正方形を考える. この正方領域の内部に乱数によって n 個の点を置く. このとき，原点からの距離が 1 以内の領域にある点の数 m とすべての点の数 n との比は，1/4 の円の面積 $\pi/4$ と正方形の面積 1 の比に近く

32

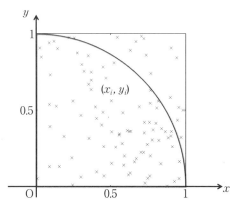

図 2.1　乱数によって生成した正領域内の点

表 2.1　モンテカルロ法による円周率の計算の例

n	p	$|p - \pi|$
100	3.2400000	9.8×10^{-2}
1000	3.1440000	2.4×10^{-3}
10000	3.1500000	8.4×10^{-3}
100000	3.1414800	1.1×10^{-4}
1000000	3.1404160	1.2×10^{-3}
10000000	3.1421068	5.1×10^{-4}
100000000	3.1419884	4.0×10^{-4}

なる．そのため，$m : n \approx (\pi/4) : 1$ であり，よって

$$\pi \approx 4 \times m/n \tag{2.2}$$

となる．この計算によって π の近似値を求めるアルゴリズムを Algorithm 2.4 に示す．ここで，$x_i \leftarrow \text{random}$ は乱数を代入する操作を表している．

Algorithm 2.4 モンテカルロ法による円周率の計算

---
input: n

output: p

for $i = 1, 2, \ldots, n$ do

    $x_i \leftarrow$ random

    $y_i \leftarrow$ random

end for

$m \leftarrow 0$

for $i = 1, 2, \ldots, n$ do

    if $\sqrt{x_i^2 + y_i^2} \leq 1$ then

        $m \leftarrow m + 1$

    end if

end for

$p \leftarrow 4m/n$

2.3 計算の実行と結果の表示

数値計算では行列やベクトルがよく現れ，これらの処理を効率よく記述できるとよい．このような計算に便利なように作られたプログラム言語に MATLAB がある．たとえば，MATLAB では行列 A とベクトル x が

$$A = \begin{bmatrix} 2 & 1 \\ 1 & 2 \end{bmatrix}, \quad x = \begin{bmatrix} 1 \\ 1 \end{bmatrix} \tag{2.3}$$

のとき，行列とベクトルの積 $y = Ax$ を計算するには，

```
A = [2 1; 1 2];
x = [1; 1];
```

```
    y = A*x;
```
のように記述する.

また，連立一次方程式

$$Ax = b \tag{2.4}$$

の解 $x = A^{-1}b$ を求めるには

```
    A = [2 1; 1 2];
    b = [3; 2];
    x = A \ b;
```
のように記述すればよい.

Python は比較的簡単にプログラムを記述できる言語であり，数値計算のための拡張を行った NumPy や SciPy がある．以下は SciPy によって記述した例である.

```
    A = matrix([[2,1],[1,2]]);
    b = matrix([[3],[2]]);
    x = solve(A,b);
```
計算結果は数値として得られるが，それらをグラフなどで表示したり，アニメーションによって変化する様子を示したりして可視化することで，データから得られる知見が多くなる．数値計算ツールでは，計算だけでなくグラフ描画なども比較的簡単な命令で記述できる機能が用意されている．MATLAB で $0 \leq x \leq 5\pi$ の範囲で $\sin x$ のグラフを描くには以下のようにする.

```
    x = 0:0.1:5*pi;
    plot(x, sin(x));
```
ここでは，変数 x に 0 から 5π まで 0.1 刻みの値を代入し，それぞれの x で関数 $\sin x$ の値を求め，横軸を x，縦軸を $\sin x$ でグラフを描いている．

グラフ描画のためのソフトウェアである gnuplot では，

```
plot [0:10] sin(x)
```
によって，区間 $[0, 10]$ の $\sin x$ のグラフが出力される．また，ファイル名が"data.txt"のファイルの 1 列目に x の値，2 列目に y の値が入っているとき，

```
plot "data.txt"
```
とすることで，このファイルに記述された値のグラフが描かれる．

　真値が α のとき，計算や測定などでその近似値 $\hat{\alpha}$ が得られたとする．このとき，$\hat{\alpha}$ の**誤差** (error) は

$$\hat{\alpha} - \alpha \tag{2.5}$$

のように近似値と真値の差で与えられる．真値 α の値が大きいと見かけ上この誤差の絶対値も大きくなる．また，逆に小さいとこの値も小さくなり，真値が判らないまま誤差の大きさを議論することはできない．真値が 0 でないときには，誤差の絶対値を真値の絶対値で割った値

$$\frac{|\hat{\alpha} - \alpha|}{|\alpha|} \tag{2.6}$$

を**相対誤差** (relative error) という．これに対して，$|\hat{\alpha} - \alpha|$ を**絶対誤差** (absolute error) という．

　方程式 $f(x) = 0$ の解を求めるとき，解を ξ とすると，$f(\xi) = 0$ となる．解の近似値 $\hat{\xi}$ が得られたとき，十分によい近似であれば $|f(\hat{\xi})|$ も小さくなると考えられる．このように 0 になるはずの関数に近似値を入れたときの値 $|f(\hat{\xi})|$ を**残差** (residual) と呼ぶ．解の近似値がどれくらい解に近いかの指標としてこの残差を用いることができる．

　ここで，Algorithm 2.4 で示した π の近似値の計算で，計算した結果 p の絶対誤差

$$\mathrm{err} = |p - \pi| \tag{2.7}$$

を，点の数 n を変えてグラフに示す．

図 2.2 は横軸に点数 n，縦軸に $|p - \pi|$ の値をプロットしている．グラフ中の黒点が各 n に対する $|p - \pi|$ の値を表しているが，この図では，黒点はほとんど y 軸や x 軸の上に乗っており，n が 10^7 以上では 0.1 以下になっていることしか分からない．

図 2.3 は，縦軸に絶対誤差の対数 $\log_{10} \mathrm{err}$ の値をプロットしている．

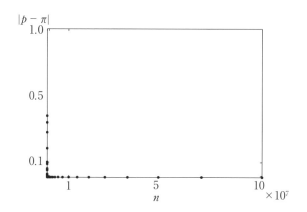

図 2.2　モンテカルロ法による円周率の計算の誤差（通常のグラフ）

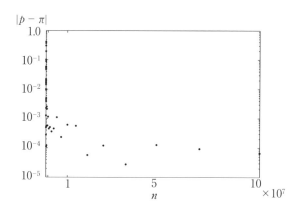

図 2.3　モンテカルロ法による円周率の計算の誤差（片対数グラフ）

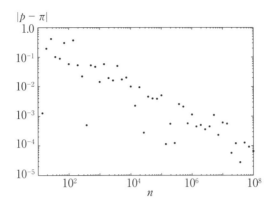

図 2.4 モンテカルロ法による円周率の計算の誤差（両対数グラフ）

こうすることで，n が 10^7 以上において $|p - \pi|$ がほぼ 10^{-3} 以下となっていることが分かる．図 2.4 は，横軸も対数で表している．こうすることで n が増加したときの絶対誤差 $|p - \pi|$ の減少の様子が確認できる．

このように同じ計算結果のデータであっても，どのようなグラフを描くかで得られる情報が違ってくる．とくに誤差のような値の表示では対数が有用である．

1. ある正の整数 n が与えられたとき，$1, 3, 5, \ldots, 2n-1$ の和を求める擬似コードを示せ．

2. 相異なる n 個の実数 $a_1, a_2, \ldots, a_n$ が与えられたとき，以下の擬似コードを実行すると，$a_1, a_2, \ldots, a_n$ はどう変化するか．

   for $i = 1, 2, \ldots, n-1$ **do**

       if $a_{i+1} < a_i$ **then**

           $t \leftarrow a_{i+1}$

           $a_{i+1} \leftarrow a_i$

           $a_i \leftarrow t$

       end if

   end for

3. $a_1, a_2, \ldots, a_n$ は n 個の実数とする．適当な実数 c が与えられたとき，以下のアルゴリズムに対応する擬似コードを示せ．

   1) $k = 1$, $m = n$ とする

   2) もし a_k が c より小さいときは k を 1 増やす．そうでないときには，a_k と a_m を入れ替え，m を 1 減らす

   3) k と m が一致したら終了，そうでなければステップ 2) に戻る．

   $n = 5$ で，$a_1, a_2, \ldots, a_5$ が $17, 6, 10, 5, 3$ とする．$c = 10$ のとき，上記のアルゴリズムを実行して得られる結果を示せ．

4. 表 2.1 の値を用いて $n = 10000000$ のときの相対誤差を求めよ．また，図 2.4 より n の増加と誤差の減少の関係について考察せよ．

3 コンピュータにおける数値の表現と処理

《**目標＆ポイント**》 コンピュータの中で数値がどのように表現され，処理されるかについて説明する．数学で現れる実数はいくらでも多くの桁を考えることができるが，コンピュータでは有限のデータ量で表す必要がある．そのために起こる計算上の問題点や，数値計算をする上で知っておくとよい知識などについて解説する．

《**キーワード**》 2 進数と 10 進数，整数と浮動小数点数，オーバーフローとアンダーフロー，計算誤差

3.1 アナログとデジタル

コンピュータの内部では数値は 0 と 1 で表されている．このような 0 と 1 だけの組み合わせで表現される数値は **2 進数** (binary number) と呼ばれる．これに対してふだん我々が使っているのは 0 から 9 までを用いた **10 進数** (decimal number) である．この 2 や 10 のようにいくつで桁が上がるかの値を **基数** (radix) と呼ぶ．この他に，**8 進数** (octal number) や **16 進数** (hexadecimal number) も用いられることがある．16 進数では 10〜15 に対して A, B, C, D, E, F を割り当て，FF や 5D のように表記する．たとえば，10 進数の 26 は 26 = 16 + 10 であることから，16 進では 1A と表される．

2 進数において，0 または 1 の一つを **ビット** (bit) と呼ぶ．1 ビットは 0

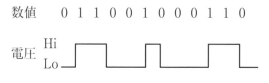

図 3.1　電圧の高低を 0 と 1 で表したとき

または 1 のどちらかなので，それに 2 つの状態を対応させ，たとえば Yes と No，白と黒，正と負などを表すことができる．図 3.1 に示すように，電圧の低い (Lo)，高い (Hi) を制御することで，**CPU** (Central Processing Unit) などの電子回路内で 0 と 1 の状態を表すことができる．

　「コンピュータは 0 と 1 なので Yes か No しかない」，といったことを聞くことがあるが，それは正しくない．0 と 1 を複数並べることで Yes と No のような 2 通りより多くの状態を表すことができるようになる．2 ビットでは，00, 01, 10, 11 の 4 通りとなる．また，3 ビットでは 000, 001, 010, 100, 011, 101, 110, 111 の 8 通りとなる．白と黒の碁石を 3 個使って並べると，図 3.2 のようになり，8 種類の並べ方があることが分かる．一般に m ビットでは 2^m 通りとなる．

　コンピュータのプログラムなどでは 2 進数は数値の前に '0b' をつけて 0b1010 のように表すことがある．また，8 進数は '0o'，16 進数は '0x' をつけて，それぞれ，0o12，0x1A のように表すことがある．

　8 ビットをまとめた単位を**バイト** (byte) と呼び，1 バイトは $2^8 = 256$

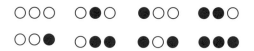

図 3.2　碁石を 3 個使ったときの組み合わせ ($2^3 = 8$ 通り)

表 3.1　2 進数，10 進数，16 進数の対応

基数			基数			基数		
2	10	16	2	10	16	2	10	16
0	0	0	1000	8	8	10000	16	10
1	1	1	1001	9	9	10001	17	11
10	2	2	1010	10	A	10010	18	12
11	3	3	1011	11	B	10011	19	13
100	4	4	1100	12	C	10100	20	14
101	5	5	1101	13	D	10101	21	15
110	6	6	1110	14	E	10110	22	16
111	7	7	1111	15	F	10111	23	17

通りを表すことができる．アルファベットやいくつかの記号を表すのには 256 通りあればよく，それぞれの値に文字を割り当てたものを **1 バイトコード**と呼ぶ．

2 バイトでは $2^{16} = 65,536$ 通りとなり，これで漢字などを表したものが **2 バイトコード**である．16 進数を用いると 1 バイトは 2 桁で表記できる．そのため，インターネットに接続する機器の固有番号などの表記では，0x5E1F031A のように 16 進数を用いることがある．

2 進数では，$2^{10} = 1,024$ となるため，1,024 バイトを 1 キロバイトとして，1K Byte のように表す．同様に 1,024 倍となるごとに，**メガ** (M)，**ギガ** (G)，**テラ** (T)，**ペタ** (P)，**エクサ** (E) で表す．10 進数の場合には同様に 10^3 ごとにキロ，メガ，ギガ，テラ，ペタ，エクサで表している．

遺伝子の主要な構成要素は 4 種類あり，それぞれに記号 A，G，C，T が割り当てられている．これらが一列につながって遺伝子を構成しており，AAGATCTGG のような記号の並びで表すことができる．これはコ

ンピュータが 0 と 1 の 2 種類で 2 進数としていることに対応して，4 種類あるので 4 進数とみなせる．この AGCT を 3 個を組にしたものをコドンと呼び，その組み合わせは $4^3 = 64$ 通りとなる．この 64 通りの組み合わせに対して，20 種類のアミノ酸，読み取りの開始や終了などを対応づけている．これは遺伝コードと呼ばれ，ちょうどコンピュータの 2 進数や 1 バイトと対応して考えることができる．

　空気中を伝わる音は圧力の変化であり，マイクを通すことで電圧が変化する信号になる．このとき，電圧は連続的に変化するため，このような信号を**アナログ** (analog) 信号と呼ぶ．コンピュータの内部では，この電圧の連続的な変化を 2 進数で表す必要がある．そのために，一定時間ごとに電圧の値を測定し，それを数値で表す．このような数値で表された信号を**デジタル** (digital) 信号という．入力された信号に対してそのときの数値を取り出して並べると，連続的に変化する信号に対応した数値の列が得られる．

　電圧の数値を 2 バイト (=16 ビット) で表すことにすると，65,536 段階で表現することができる．測定の時間間隔は CD の場合で 44,100Hz (1 秒間に 44,100 回) であり，これらの測定した値を表すためには，2×44100 バイトが必要となり，約 86 キロバイトとなる．これが CD において 1 秒間の音を記録するためのデータ量となる．ステレオでは左右の音となるため 2 倍となり，1 時間分を記録するためには約 600 メガバイトとなる．

　画像をデジタルで表すためには，画像を画素と呼ばれる細かい点で表す．この点を**ドット** (dot) という．カラー画像の場合には，各点ごとに光の 3 原色である赤 (R)，みどり (G)，青 (B) のそれぞれの明るさをデジタル信号とする．それぞれに 1 バイトを割り当てると 1 点あたり 3 バイトとなる．横が 1,920 ドット，縦が 1,080 ドットの画像のとき，合計では 2,073,600 点となる．これを表すと約 5.9 メガバイトとなり，かな

り大きな値となることが分かる．実際にはより少ないデータで表す圧縮
という操作を行っている．

3.2 数値の 2 進展開と整数

4 ビットで表される数値はその各ビットが (k_3, k_2, k_1, k_0) のとき，

$$a = k_3 \times 2^3 + k_2 \times 2^2 + k_1 \times 2^1 + k_0 \times 2^0 \tag{3.1}$$

で求められる．たとえば，$(k_3, k_2, k_1, k_0) = (1, 0, 1, 1)$ のとき，

$$a = 1 \times 2^3 + 0 \times 2^2 + 1 \times 2^1 + 1 \times 2^0 = 11 \tag{3.2}$$

となる．このように**整数** (integer) は 2 のべき乗の和で展開することで，
2 進数として表すことができる．

正の 10 進整数が与えられたとき，これを 2 進数で表すには，与えられ
た整数を 2 で次々に割っていき，余りを逆順に並べる．たとえば 10 進数
の 11 を 2 進数で表すには，

$$\begin{aligned} 11 &= 5 \times 2 + 1 \\ 5 &= 2 \times 2 + 1 \\ 2 &= 1 \times 2 + 0 \\ 1 &= 0 \times 2 + 1 \end{aligned} \tag{3.3}$$

より，$11 = (1011)_2$ となる．

整数 a を整数 b で割った商と余りをそれぞれ q，r とすると

$$a = q \times b + r \tag{3.4}$$

の関係がある．この商と余りを $q = a \text{ quo } b$，$r = a \bmod b$ と表すことに

する. 商と余りを同時に求めるときには

$$(q, r) = a \operatorname{div} b \qquad (3.5)$$

と表す. 正の整数 a が与えられたときの 2 進展開の係数を求めるアルゴリズムを Algorithm 3.1 に示す.

Algorithm 3.1 正の 10 進整数 a の 2 進展開

> **input:** a
>
> **output:** $k_0, \ldots, k_{i-1}$
>
> $i \leftarrow 0$
>
> **while** $a > 0$ **do**
>
> $(a, k_i) \leftarrow a \operatorname{div} 2$
>
> $i \leftarrow i + 1$
>
> **end while**

処理を効率的に行うため, 通常は 1 つの整数を表すビット数は一定の値に固定されている. 多くの場合, 1 つの整数には 4 バイトまたは 8 バイトを割り当てている. 4 バイトの場合には 32 ビットを用いるため, 最大の数は

$$2^{31} + 2^{30} + \cdots + 2 + 1 = 2^{32} - 1 = 4,294,967,295 \qquad (3.6)$$

となる. 同様に 8 バイトの場合には $2^{64} - 1$ で, 約 1.84×10^{19} となる. より多くの桁数の数値を表すために, 8 バイトより多くのバイト数を用いた**多倍長整数** (multiple integer) がある. 一部のプログラム言語ではこの多倍長整数を用いることができる.

整数において負の数を表すにはいくつかの方法がある. 一つは 1 ビットを正か負を表すために割り当てる方法である. ただし, この方法は実用上はあまり用いられていない.

　二つめの方法は，**オフセット・バイナリ** (offset binary) と呼ばれる方法である．これは，**バイアス表現**や**げたばき表現**とも呼ばれる．この方法では，事前に決めたオフセット値 N を用い，与えられた数値をもとの数値より N だけ大きい符号無しの整数として保持する．後で示す浮動小数点数の指数部ではこのオフセット・バイナリが用いられる．

　三つめの方法は，2 の補数 (complement) を用いる方法である．2 の補数は，用いるビット数で表現できる最大の数に 1 を加えた数からもとの数を引いた数である．a を正の整数としたとき，負の整数 $-a$ の m ビットでの補数は $2^m - a$ である．補数は 2 進表現のすべてのビットを反転させ，それに 1 を足すと得られる．コンピュータの変数などで用いられる整数では，この 2 の補数表現が用いられる．4 ビットの場合の補数表現の例を表 3.2 に示す．

表 3.2　4 ビット整数の補数表現

10 進数	2 進数	10 進数	2 進数
0	0000	-1	1111
1	0001	-2	1110
2	0010	-3	1101
3	0011	-4	1100
4	0100	-5	1011
5	0101	-6	1010
6	0110	-7	1001
7	0111	-8	1000

3.3 浮動小数点数

　実数は整数とは異なる扱いをし，以下に示すような**浮動小数点数** (floating point number) を用いる．浮動小数点数は

$$-0.16021 \times 10^{-18} \tag{3.7}$$

のように表記され，**符号部** (sign)，**仮数部** (mantissa)，**指数部** (exponent) から構成される．上記の数値では，先頭のマイナスが符号部，0.16021 が仮数部，10^{-18} が指数部となる．プログラムにおいて浮動小数点数を表記するときには，

```
-0.16021e-18
```

のように指数部の数値の前に e をつけて指数部の数値を表す．

　浮動小数点数は，コンピュータ内部では 2 進の浮動小数点数として表す．10 進小数を 2 進小数で表すには，整数を 2 のべき乗の和で表したのと同じように，1/2 のべき乗の和で表す．たとえば

$$
\begin{aligned}
0.5 &= 1 \times \left(\tfrac{1}{2}\right) & &\Rightarrow & (0.1)_2 \\
0.25 &= 0 \times \left(\tfrac{1}{2}\right) + 1 \times \left(\tfrac{1}{2}\right)^2 & &\Rightarrow & (0.01)_2 \\
0.125 &= 0 \times \left(\tfrac{1}{2}\right) + 0 \times \left(\tfrac{1}{2}\right)^2 + 1 \times \left(\tfrac{1}{2}\right)^3 & &\Rightarrow & (0.001)_2 \\
0.625 &= 1 \times \left(\tfrac{1}{2}\right) + 0 \times \left(\tfrac{1}{2}\right)^2 + 1 \times \left(\tfrac{1}{2}\right)^3 & &\Rightarrow & (0.101)_2
\end{aligned}
\tag{3.8}
$$

のようになる．これは次のように一般化できる．1 より小さい正の実数 a が与えられたとき

$$a = f_1 \times \left(\frac{1}{2}\right) + f_2 \times \left(\frac{1}{2}\right)^2 + f_3 \times \left(\frac{1}{2}\right)^3 + \cdots \tag{3.9}$$

のように展開する．ここで f_i は 0 または 1 である．これによって

$$a = (0.f_1 f_2 f_3 \cdots)_2 \tag{3.10}$$

のように 2 進小数で表すことができる.

Algorithm 3.2 10 進小数 a の 2 進 n 桁展開

---

　input: a, n

　output: $f_1, \ldots, f_n$

　for $i = 1, 2, \ldots, n$ **do**

　　if $a \geq 1/2$ **then**

　　　$f_i \leftarrow 1$

　　　$a \leftarrow a - 1/2$

　　else

　　　$f_i \leftarrow 0$

　　end if

　　$a \leftarrow a \times 2$

　end for

指数部を変えることで,

$$\pm(1.f_1 f_2 \cdots f_t)_2 \times 2^d \tag{3.11}$$

のように, 仮数部が 1 以上 2 未満となるようにできる. このような数値を, **正規化数** (normalized number) という. 正規化数は $1.f_1 f_2 f_3 \cdots$ のように先頭が 1 となるため, この 1 を省略することができる.

　多くのコンピュータで採用されている **IEEE754 規格** (IEEE754 standard) では, 倍精度実数は 64 ビットで 1 つの数値を表し, 表 3.3 に示すようなビット数を符号部, 仮数部, 指数部にそれぞれ割り当て, 正規化数として扱う.

　指数部に 11 ビットを割り当てたとき, $2^{11} = 2048$ であるが, 指数部がすべて 1 (=2047) とすべて 0 の場合は除くため, 表現できる最も大き

48

表 3.3 IEEE 規格倍精度実数で割り当てているビット数

IEEE 規格倍精度実数
符号部 1 ビット（0（正）または 1（負））
指数部 11 ビット（1023 を引いた整数，0 および 2047 は特別扱い）
仮数部 52 ビット（仮数部の最初の 1 は記録しない）

な値は

$$f_1 = f_2 = \ldots = f_{52} = 1,$$
$$e = 2046 - 1023 = 1023 \qquad (3.12)$$

のときで，ほぼ 1.8×10^{308} である．これより大きな値は**オーバーフロー**(overflow) となり，Inf として表示される．Inf になっても何もメッセージなどは表示されないまま演算が続けられる．最も小さな値は

$$f_1 = f_2 = \ldots = f_{52} = 0,$$
$$e = 1 - 1023 = -1022 \qquad (3.13)$$

のときで，ほぼ 2.2×10^{-308} である．これより小さな値は**アンダーフロー**(underflow) となり，結果は 0 になる．

アンダーフローが起きた場合にも警告は表示されず計算はそのまま続行される．しかし，アンダーフローによって 0 になった数値で除算をしたときには，プログラム言語によっては警告が表示される．たとえば，$1/(10^{-200})^2$ の計算を行うと，本来なら分母は 0 でないはずであるが，$(10^{-200})^2$ の計算でアンダーフローとなり，結果は 0 となる．そのため，0 による割り算が発生し，最後の結果は無限大となる．

a または b が大きな値のときに

$$c = \sqrt{a^2 + b^2} \qquad (3.14)$$

の計算をすると，結果の値 c はオーバーフローしない値のときでも，計算の途中で a^2 や b^2 の結果がオーバーフローとなってしまうことがある．このようなときは，以下のように 2 つの数のうち絶対値の大きい方の値で割った値を用いることで計算途中のオーバーフローを防ぐことができる．

$$s = \max(|a|, |b|),$$
$$c = s\sqrt{\left(\frac{a}{s}\right)^2 + \left(\frac{b}{s}\right)^2}. \tag{3.15}$$

ここで $\max(|a|, |b|)$ は，2 つの引数である a と b の絶対値のうち，大きい方の値を返す関数を表す．計算の途中でアンダーフローが起きるような小さな値のときでも同様の工夫が役立つ．

　数値を有限桁で表すとき，表したい数値の桁数が多ければ正確にその数値を表すことができない．あふれた桁の扱いによって，切り捨て，切り上げ，四捨五入がある．このような操作は**丸め** (roundoff) といい，これによって生じる誤差を**丸め誤差** (roundoff error) という．実数 x が与えられたとき，丸められた値を $fl(x)$ で表すことにする．このとき，

$$fl(x) = x(1 + \varepsilon), \quad |\varepsilon| \le \varepsilon_M \tag{3.16}$$

となる ε_M を**マシンイプシロン** (machine epsilon)，あるいは**丸めの単位** (unit roundoff) と呼ぶ．IEEE 規格倍精度で四捨五入（2 進表現なので実際には零捨一入）のときは $\varepsilon_M \approx 1.1 \times 10^{-16}$ となる．仮数部に 52 ビットを割り当てており，省略した最上位のビットを入れると 2 進で 53 桁となる．これは 10 進数では約 16 桁の有効桁に対応する．

　0.1 は 2 進数で表すと

$$(0.0001100110011 \cdots)_2 \tag{3.17}$$

となり循環小数になる．これを浮動小数点数で表したときには，仮数部は有限桁で丸められる．そのため，10進数の0.1はコンピュータ内部では正確には表されない．

仮数部が有限桁のために起こる問題として，**桁落ち**(cancellation) がある．ごく近い2つの数の差を計算すると，計算結果の絶対値が小さくなり有効桁が失われる．桁落ちは数値計算では気をつけなければいけない現象であるが，計算法の工夫で避けられる場合もある．

桁落ちが起こる例として実係数の2次方程式の解の公式の計算を示す．2次方程式

$$ax^2 + bx + c = 0 \tag{3.18}$$

の解は，判別式が正のとき，

$$x = \frac{-b \pm \sqrt{b^2 - 4ac}}{2a} \tag{3.19}$$

で与えられる．係数が $a = 1/100$, $b = -100$, $c = 1/100$ のとき，2つの解は

$$\alpha = 5000 + \sqrt{24999999} = 9999.99989999999899\cdots \tag{3.20}$$

$$\beta = 5000 - \sqrt{24999999} = 0.0001000000010000000200\cdots \tag{3.21}$$

となる．これに対して解の公式を用いて倍精度で計算すると

$$\tilde{\alpha} = \frac{-b + \sqrt{b^2 - 4ac}}{2a} = 9999.9999 \tag{3.22}$$

$$\tilde{\beta} = \frac{-b - \sqrt{b^2 - 4ac}}{2a} = 0.00010000000116861 \tag{3.23}$$

が得られる．これより，相対誤差は

$$\frac{|\tilde{\alpha} - \alpha|}{|\alpha|} = 1.8 \times 10^{-16} \tag{3.24}$$

$$\frac{|\tilde{\beta} - \beta|}{|\beta|} = 1.7 \times 10^{-9} \tag{3.25}$$

となる.

β の計算では，$-b = 100$ から $\sqrt{b^2 - 4ac} = 99.999998$ を引くことで，$2.00000002 \times 10^{-6}$ となる．ここで桁落ちが起きており，そのために計算結果の精度が失われている．

このような近い値どうしの減算が現れてしまうとき，解と係数の関係

$$\beta = \frac{c}{\alpha a} \tag{3.26}$$

を利用するとよい．この結果から，実係数の 2 次方程式の 2 つの解 α, β を求める公式は，判別式が正で $b \neq 0$ のとき，コンピュータでは次のようになる．

$$\begin{cases} \alpha = \dfrac{-b - \mathrm{sign}(b) \times \sqrt{b^2 - 4ac}}{2a} \\ \beta = \dfrac{c}{\alpha a} \end{cases} . \tag{3.27}$$

ここで関数 sign は

$$\mathrm{sign}(x) = \begin{cases} 1, & x > 0 \\ 0, & x = 0 \\ -1, & x < 0 \end{cases} \tag{3.28}$$

である．

また，次に示すような計算において x が 0 に近いとき，$\sqrt{1+x}$ と 1 が近いために

$$\sqrt{1+x} - 1 \tag{3.29}$$

において桁落ちが起こる．このようなときには分子の有理化を行い，

$$\sqrt{1+x} - 1 = \frac{x}{\sqrt{1+x} + 1} \tag{3.30}$$

と式を変形してから計算を行うことで，近い値どうしの減算を避けることができる．この式変形は，2次方程式の解の公式でも利用できる．

　絶対値の大きさが大きく異なる2つの数の和や差を計算すると小さな数が結果に反映されない．これを**情報落ち** (information loss) という．情報落ちが影響を与える例として，絶対値が大きく異なる数列の和がある．多くの小さな値を加えて得られる値と大きな値の和を求めるような計算では，先に小さな値の和を求めてから最後に大きな値を加えるか，大きな値に対して小さな値を加えていくかによって結果が異なる場合がある．統計データを用いた計算などでは，多くの数値の和を求めて平均値を求めるような計算が現れ，データの値によっては情報落ちに注意する必要がある．

3.4　半精度，単精度，倍精度，多倍長精度

　数値計算の多くの場合には実数の表現に8バイトを割り当てる倍精度が用いられるが，より多くの精度が必要な場合や，逆にそれほどの精度がいらない場合には割り当てるバイト数が異なる数値の表現もある．

　単精度 (single precision) は4バイトで浮動小数点数を表し，binary32とも呼ばれている．指数は8ビットの符号付整数であり，バイアス値が127の整数で -128 から127までの値をとる．倍精度のときと同じように，仮数部は正規化された値で，最初の1を除いた値が格納される．10進数に換算したとき表現できる桁数は約7桁となる．一部のCPUでは単精度が用いられる．

　組み込み機器や通信などでデータサイズをできるだけ少なくしたいときやGPUなどで高速な計算を行いたいときのために，2バイトによって浮動小数点数を表す**半精度** (half precision) がある．これはbinary16と

も呼ばれる．指数は 5 ビットの符号付整数であり，バイアス値が 15 の整数で −14 から 15 までの値をとる．単精度や倍精度のときと同じように，仮数部は正規化された値で，最初の 1 を除いた値が格納される．10 進数に換算したとき表現できる桁数は約 3 桁となる．表現できる最小の正の数値は 6.10×10^{-5} であり，最大数は $65,504$ であり，表現できる範囲が限られている．

倍精度では精度が足りないようなときには，より多くの桁数をもつ表現を用いる．**4 倍精度** (quadruple precision) は binary128 とも呼ばれ，1 つの数値を表すのに 16 バイトを用いる．16 バイトを表 3.4 のように割り当てる．この場合，10 進数では約 34 桁となる．多くのコンピュータのハードウェアは，倍精度実数を効率的に扱えるように設計されている．専用のハードウェアをもたない場合には，4 倍精度の演算はソフトウェアで行うために，倍精度のときと比較して多くの計算時間を要する．

表 3.4　浮動小数点数におけるビットの割り当て

	半精度	単精度	倍精度	4 倍精度
符号部	1 ビット	1 ビット	1 ビット	1 ビット
指数部	5 ビット	8 ビット	11 ビット	15 ビット
仮数部	10 ビット	23 ビット	52 ビット	112 ビット
合計	16 ビット	32 ビット	64 ビット	128 ビット

4 倍精度実数と同じ 16 バイトを用いる別の表現として，**倍倍精度** (double-double precision) がある．これは倍精度の実数を 2 つ組み合わせて有効桁数を増やす．そのため，仮数部は $52 \times 2 = 104$ ビットとなる．これは 4 倍精度の 112 ビットよりも少ないが，倍精度の演算の組み合わせで倍倍精度の数値の演算を行うため，4 倍精度実数よりは演算の効率がよい．

それでも，通常は倍精度実数と比較すれば多くの時間を要する．

　コンピュータでは数値などのデータはメモリーや外部記憶装置に保存される．これも有限であり，いくらでも使えるわけではない．大規模なデータを扱うときにはメモリーをどれくらい必要とするか注意を払う必要がある．倍精度実数は 8 バイト（64 ビット）で表されているため，1000次の正方行列では，その要素数は 1000×1000 で，約 8 メガバイトのメモリーを使用する．10000 次元ではその 100 倍となり，約 800 メガバイトとなる．

　モンテカルロ法による円周率の計算の例では，乱数として $2n$ 個を用いた．実数 1 個あたり 8 バイトのため，$16n$ バイトとなる．たとえば，$n = 10^8$ とした場合，$2n$ 個の実数のために必要なメモリー量は 1.6×10^9 となり，約 1.6 ギガバイトであることが分かる．

演習問題 **3** ─────────────────────────────

1. $S_n = 1 + 2 + 2^2 + \cdots + 2^{n-1}$ としたとき，$S_n = 2^n - 1$ となること
を等比級数の和の公式を用いて示せ．これより，n 桁の 2 進数です
べてが 1 の値は $2^n - 1$ であることを説明せよ．

2. $2^{10} = 1024 = 1000 + 2 \times 10 + 2^2$ と表されることを利用して，$2^{16} = 2^6 \times 1000 + 2^7 \times 10 + 2^8$ を示せ．2^{20} および 2^{30} を求めよ．

3. 紙を半分に切って重ねると厚みが 2 倍になる．さらに半分に切って
重ねるとその厚みは 1 枚のときの 4 倍となる．これを繰り返したと
き，10 回繰り返すとその厚みは 1 枚の何倍となるか．1 枚の紙の厚
さを 0.1 ミリとし，この操作を 20 回繰り返すとその厚みはおよそ何
メートルとなるか．30 回繰り返すと厚みはおよそ何キロメートルと
なるか．

4. 10 進数の 37 に対応する 2 進数を求めよ．また，10 進数の 0.9 に対
応する 2 進数を小数点以下 3 桁まで求めよ．10 進数の 0.2 は 2 進数
ではどのように表されるか示せ．

5. 次のそれぞれの 2 つの式は等しいことを確かめよ．また，x の値が
どのようなときに桁落ちが起きる可能性があるか説明せよ．

1) $\sqrt{1+x} - 1$, $\dfrac{x}{\sqrt{1+x}+1}$

2) $\sqrt{1+x} - \sqrt{x}$, $\dfrac{1}{\sqrt{1+x}+\sqrt{x}}$

3) $1 - \cos x$, $2\sin^2\left(\dfrac{x}{2}\right)$

4 | 行列とベクトルの計算

《**目標&ポイント**》 数値計算では行列やベクトルがよく現れる．そのため，まず，行列やベクトルについて，基本的な概念や用語について説明する．また，行列やベクトルを用いた数値計算の方法についても述べる．

《**キーワード**》 行列とベクトル，行列の演算，ノルム，基本線形代数プログラム

4.1 行列とベクトル

　数値計算では**行列** (matrix) や**ベクトル** (vector) が現れることが多い．以下ではまず行列とベクトルについての基本的な概念や用語について説明する．これらのより詳しい解説は線形代数の教科書を参照されたい．

　2 次元のベクトルは

$$\boldsymbol{u} = \begin{bmatrix} 2 \\ 1 \end{bmatrix} \tag{4.1}$$

のように，2 つの数値を縦に並べて表される．2 次元ベクトルは，2 つの値を xy 平面上の座標と見なして，図 4.1 のように 2 次元平面上に表すことができる．数値を 3 つ並べると 3 次元ベクトルとなり，

$$\boldsymbol{v} = \begin{bmatrix} 1 \\ 3 \\ 2 \end{bmatrix} \tag{4.2}$$

のように表される．3 次元ベクトルは，3 つの値をそれぞれ x，y，z 座標に対応させると，図 4.2 に示すように 3 次元空間上で表せる．

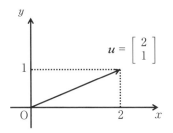

図 4.1　**2 次元平面上のベクトル**

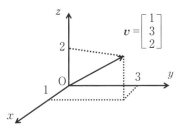

図 4.2　**3 次元平面上のベクトル**

n 次元ベクトル x は以下のように n 個の値が縦に並んだ形をしている.

$$x = \begin{bmatrix} x_1 \\ x_2 \\ \vdots \\ x_n \end{bmatrix}. \tag{4.3}$$

値が実数のベクトルを $x \in \mathbb{R}^n$ と表す. ここで, n はベクトルの**次元** (dimension) で, x_i はベクトル x の**成分** (component) である. このような縦方向に成分が並んだベクトルをとくに**列ベクトル** (column vector) という. 通常は単にベクトルと言えば列ベクトルを意味する.

これに対して成分が横方向に並んだベクトルを**行ベクトル** (row vector)

という. $\boldsymbol{y}$ が行ベクトルのとき,

$$\boldsymbol{y} = [y_1, y_2, \ldots, y_n] \tag{4.4}$$

のように表される. 記号 ^{T} は**転置** (transpose) を表し, 列ベクトル $\boldsymbol{x}$ の転置は

$$\boldsymbol{x}^{\mathrm{T}} = [x_1, x_2, \ldots, x_n] \tag{4.5}$$

のように, 行方向に成分が並んだ行ベクトルとなる.

行列は

$$A = \begin{bmatrix} 2 & 1 \\ 1 & 2 \end{bmatrix} \tag{4.6}$$

や

$$A = \begin{bmatrix} 1 & 1 \\ 3 & 2 \\ 2 & 1 \end{bmatrix} \tag{4.7}$$

のように, 値を縦方向と横方向に並べたものである.

サイズが $m \times n$ の行列 A は, m 行 n 列に値を並べ, 以下のように表される.

$$A = \begin{bmatrix} a_{11} & a_{12} & \cdots & a_{1n} \\ a_{21} & a_{22} & \cdots & a_{2n} \\ \vdots & \vdots & & \vdots \\ a_{m1} & a_{m2} & \cdots & a_{mn} \end{bmatrix}. \tag{4.8}$$

ここで, a_{ij} は行列 A の**要素** (element) と呼ばれる. m と n は行列の**次元** (dimension) という. $m = n$ のとき A は**正方** (square) で, m を行列の**次数** (order) という. A の要素が実数のとき $A \in \mathbb{R}^{m \times n}$ と表す.

行列 A の要素が a_{ij} であることを示すために $A = (a_{ij})_{1 \leq i \leq m, 1 \leq j \leq n}$, あるいは $A = (a_{ij})_{m \times n}$ と表記する. とくにサイズを示す必要がないと

きには $A = (a_{ij})$ と表す．行列の横方向を**行** (row)，縦方向を**列** (column) といい，i を**行インデックス** (row index)，j を**列インデックス** (column index) という．

1 つの実数は**スカラー** (scalar) と呼ばれ，サイズが 1×1 の行列や 1 次元のベクトルと見なすこともできる．本書では行列やベクトルを扱うときには，行列は A のような斜体大文字を割り当て，ベクトルは $\boldsymbol{x}$ のようにボールド体で表すことにする．また，スカラーであることを明記するために α のようにギリシャ文字を割り当てることがある．ただし，多項式や関数なども混在する場合や，習慣的に割り当てられる文字があるような場合には，必ずしもこの表記法に従わない．

行列のスカラー倍は，すべての要素にスカラーをかけて以下のように表される．

$$\alpha A = (\alpha a_{ij}) \tag{4.9}$$

ベクトルのスカラー倍も同様で，すべての成分にスカラーがかかる．

行列 $A = (a_{ij})$ と $B = (b_{ij})$ が同じサイズのとき，行列の和は

$$A + B = (a_{ij} + b_{ij}) \tag{4.10}$$

によって与えられる．すべての要素が 0 の行列は**零行列** (zero matrix) と呼ばれ，記号 O で表す．零行列の加算は

$$A + O = O + A = A \tag{4.11}$$

となる．

行列 A が $m \times n$ 行列で，行列 B が $n \times k$ 行列のとき，A と B の積 AB は

$$AB = \left(\sum_{\ell=1}^{n} a_{i\ell} b_{\ell j} \right)_{1 \le i \le m, 1 \le j \le k} \tag{4.12}$$

で与えられ，AB は $m \times k$ 行列となる．$m = k$ のとき，積の順序を入れ替えた BA も計算できるが，行列の積は交換則が成り立たず，一般には $AB \neq BA$ となることに注意する．

行列 A の列ベクトルを $\boldsymbol{a}_1, \boldsymbol{a}_2, \ldots, \boldsymbol{a}_n$ とおくと，

$$A = [\boldsymbol{a}_1, \boldsymbol{a}_2, \ldots, \boldsymbol{a}_n] \tag{4.13}$$

と表すことができる．$C = AB$ の列ベクトルを $C = [\boldsymbol{c}_1, \boldsymbol{c}_2, \ldots, \boldsymbol{c}_k]$ とすると，

$$\boldsymbol{c}_j = b_{1j}\boldsymbol{a}_1 + b_{2j}\boldsymbol{a}_2 + \cdots + b_{nj}\boldsymbol{a}_n, \quad 1 \leq j \leq k \tag{4.14}$$

となる．とくに B がベクトル $\boldsymbol{b} = [b_1, b_2, \ldots, b_n]^{\mathrm{T}}$ のとき，

$$\boldsymbol{c} = A\boldsymbol{b} = b_1\boldsymbol{a}_1 + b_2\boldsymbol{a}_2 + \cdots + b_n\boldsymbol{a}_n \tag{4.15}$$

となる．式 (4.14) や式 (4.15) の右辺のようにベクトルのスカラー倍を足し合わせたものを**線形結合** (linear combination) という．$\boldsymbol{b}$ の成分は A の列ベクトルの線形結合の係数となっていることが分かる．

n 次元のベクトル $\boldsymbol{x}$ と $\boldsymbol{y}$ の**内積** (inner product) は

$$(\boldsymbol{x}, \boldsymbol{y}) = \boldsymbol{x}^{\mathrm{T}}\boldsymbol{y} = x_1y_1 + x_2y_2 + \cdots + x_ny_n \tag{4.16}$$

で与えられる．内積の結果はスカラーとなる．

行列の転置もベクトルの転置と同様に記号 T で表し，転置した行列 A^{T} の (i, j) 要素は A の (j, i) 要素となる．行列の転置は演算に対して以下の性質がある．

$$\begin{aligned} (\alpha A)^{\mathrm{T}} &= \alpha(A^{\mathrm{T}}), \\ (A + B)^{\mathrm{T}} &= A^{\mathrm{T}} + B^{\mathrm{T}}, \\ (AB)^{\mathrm{T}} &= B^{\mathrm{T}}A^{\mathrm{T}}. \end{aligned} \tag{4.17}$$

行列 $A \in \mathbb{R}^{n \times n}$ が $A = A^{\mathrm{T}}$ のとき，A は**対称** (symmetric) であるという．A が対称で，任意の零でないベクトル $\boldsymbol{v}$ に対して

$$(\boldsymbol{v}, A\boldsymbol{v}) = \boldsymbol{v}^{\mathrm{T}} A \boldsymbol{v} > 0 \tag{4.18}$$

が成り立つとき，A は**正定値対称**(symmetric positive definite) であるという．

n 次正方行列 $A = (a_{ij})$ の要素の中で，$a_{11}, a_{22}, \ldots, a_{nn}$ を**対角要素** (diagonal element) という．対角要素以外はすべて 0 となるとき，A は**対角行列** (diagonal matrix) であるという．対角要素が $\alpha_1, \alpha_2, \ldots, \alpha_n$ の対角行列を，記号 $\mathrm{diag}(\alpha_1, \alpha_2, \ldots, \alpha_n)$ と表す．対角要素とその両側の要素以外がすべて 0 となる行列は**三重対角行列** (tridiagonal matrix) という．同様に，対角の両側のいくつかの要素以外がすべて 0 となる行列は**帯行列** (band matrix) という．

対角要素がすべて 1 の対角行列は**単位行列** (identity matrix) と呼ばれる．たとえば 3 次の単位行列は

$$\begin{bmatrix} 1 & 0 & 0 \\ 0 & 1 & 0 \\ 0 & 0 & 1 \end{bmatrix} \tag{4.19}$$

で与えられる．n 次の単位行列は $I_n = \mathrm{diag}(1, 1, \ldots, 1)$ で与えられる．A が n 次の正方行列のとき，単位行列の積によって A が変化せず，

$$I_n A = A I_n = A \tag{4.20}$$

である．とくにサイズを指定する必要がないときには単に I と表す．

n 次の実正方行列 A に対して

$$AB = BA = I \tag{4.21}$$

となる行列 B が存在するとき，A は**正則** (regular) であるという．B を A の**逆行列** (inverse matrix) と呼び，A^{-1} と表す．正則でない場合は**特異** (singular) であるという．逆行列には以下の関係がある．

$$(AB)^{-1} = B^{-1}A^{-1}, \tag{4.22}$$

$$(A^{-1})^{\mathrm{T}} = (A^{\mathrm{T}})^{-1} \tag{4.23}$$

また，行列 $(A + \boldsymbol{u}\boldsymbol{v}^{\mathrm{T}})^{-1}$ の逆行列は以下のように表せる．

$$(A + \boldsymbol{u}\boldsymbol{v}^{\mathrm{T}})^{-1} = A^{-1} - \frac{1}{1 + \boldsymbol{v}^{\mathrm{T}}A^{-1}\boldsymbol{u}}(A^{-1}\boldsymbol{u}\,\boldsymbol{v}^{\mathrm{T}}A^{-1}) \tag{4.24}$$

ここで，$\boldsymbol{u}$ と $\boldsymbol{v}$ は n 次元ベクトルである．これは**シャルマン・モリソンの公式** (Sherman-Morrison formular) と呼ばれる．

正方行列の**トレース**(trace) は，対角要素の和で与えられ，

$$\mathrm{tr}(A) = \sum_{i=1}^{n} a_{ii} \tag{4.25}$$

である．トレースには以下の関係がある．

$$\begin{aligned} \mathrm{tr}(A + B) &= \mathrm{tr}(A) + \mathrm{tr}(B), \\ \mathrm{tr}(AB) &= \mathrm{tr}(BA). \end{aligned} \tag{4.26}$$

3 つの行列 A, B, C の積 ABC は，$(AB)C$ や $A(BC)$ とみれば 2 つ行列の積のトレースの関係から

$$\mathrm{tr}(ABC) = \mathrm{tr}(CAB) = \mathrm{tr}(BCA) \tag{4.27}$$

となる．しかし，

$$\mathrm{tr}(ABC) \neq \mathrm{tr}(CBA) \tag{4.28}$$

であることに注意する．3 つの行列の積のトレースの関係を用いると，$A = P^{-1}BP$ の関係があるとき，

$$\mathrm{tr}(A) = \mathrm{tr}(P^{-1}BP) = \mathrm{tr}(BPP^{-1}) = \mathrm{tr}(B) \tag{4.29}$$

となる．

　A が複素数を要素にもつサイズ $m \times n$ の行列のとき，$A \in \mathcal{C}^{m \times n}$ と表す．A の要素を複素共役とした行列を転置した行列を A^{H} と表す．$A = A^{\mathrm{H}}$ のとき，A は**エルミート** (Hermite) であるという．

4.2　ノルム

　ベクトルの長さを考える概念として**ノルム** (norm) がある．ノルムを用いると 2 つのベクトルが近いかどうかの距離を考えることができる．ベクトルのノルムは $\|x\|$ のように表され，以下の性質を満たす．

$$\begin{aligned} &x \neq 0 \text{ ならば } \|x\| > 0, \\ &\|\alpha x\| = |\alpha|\|x\|, \\ &\|x + y\| \leq \|x\| + \|y\|. \end{aligned} \tag{4.30}$$

　ベクトルのノルムとしてよく使われるものに以下がある．

$$\begin{aligned} &\|x\|_1 = \sum_{i=1}^{n} |x_i|, \\ &\|x\|_2 = \sqrt{\sum_{i=1}^{n} x_i^2}, \\ &\|x\|_\infty = \max_{1 \leq i \leq n} |x_i|. \end{aligned} \tag{4.31}$$

これらはそれぞれ **1 ノルム** (1-norm)，**2 ノルム** (2-norm)，**無限大ノル**

64

ム (infinity norm) と呼ばれる．一般に，

$$\|\boldsymbol{x}\|_p = \left(\sum_{i=1}^{n} |x_i|^p\right)^{1/p} \tag{4.32}$$

によって，ベクトルの p ノルム (p-norm) を定義できる．また，2 ノルムと内積について，

$$|(\boldsymbol{x}, \boldsymbol{y})| \leq \|\boldsymbol{x}\|_2 \|\boldsymbol{y}\|_2 \tag{4.33}$$

の関係が成り立つ．これを**コーシー・シュワルツの不等式** (Cauchy-Schwarz inequality) と呼ぶ．

行列のノルムとして，以下のノルムがよく用いられる．

$$\|A\|_1 = \max_{1 \leq j \leq n} \sum_{i=1}^{m} |a_{ij}|, \tag{4.34}$$

$$\|A\|_\infty = \max_{1 \leq i \leq m} \sum_{j=1}^{n} |a_{ij}| \tag{4.35}$$

ベクトルの p ノルムを用いて

$$\|A\|_p = \sup_{\boldsymbol{x} \neq \boldsymbol{0}} \frac{\|A\boldsymbol{x}\|_p}{\|\boldsymbol{x}\|_p} \tag{4.36}$$

によって，行列の p ノルムを定義できる．p によらずに成り立つ場合には，単に $\|A\|$ のように表す．また，

$$\|A\|_F = \sqrt{\sum_{i=1}^{m} \sum_{j=1}^{n} a_{ij}^2} \tag{4.37}$$

は**フロベニウスノルム** (Frobenius norm) と呼ばれ，

$$\|A\|_F = \sqrt{\mathrm{tr}(A^{\mathrm{T}} A)} \tag{4.38}$$

の関係がある.

　行列の p ノルムやフロベニウスノルムは以下の関係を満たす.

$$\|AB\| \leq \|A\|\|B\|. \tag{4.39}$$

この他にも行列のノルムは定義できるが, 一般には行列のノルムは $\|AB\| \leq \|A\|\|B\|$ を満たすとは限らない.

　正方行列 A について, $\|A\|_p < 1$ のとき $I - A$ は正則で,

$$(I - A)^{-1} = I + A + A^2 + \cdots \tag{4.40}$$

の関係がある.

4.3　直交化

　n 次元ベクトル $\boldsymbol{a}_1, \boldsymbol{a}_2, \ldots, \boldsymbol{a}_m$ は,

$$\alpha_1 \boldsymbol{a}_1 + \alpha_2 \boldsymbol{a}_2 + \cdots + \alpha_m \boldsymbol{a}_m = \boldsymbol{0} \tag{4.41}$$

となるような少なくとも 1 つは 0 でないスカラー $\alpha_1, \alpha_2, \ldots, \alpha_m$ が存在するとき, **線形従属** (linearly dependent) であるという. そのような値が存在しないとき, **線形独立** (linearly independent) であるという.

　ベクトル $\boldsymbol{a}, \boldsymbol{b}$ の内積について $(\boldsymbol{a}, \boldsymbol{b}) = 0$ となるとき, $\boldsymbol{a}$ と $\boldsymbol{b}$ は**直交** (orthogonal) であるという. n 次元ベクトルの組 $\boldsymbol{q}_1, \boldsymbol{q}_2, \ldots, \boldsymbol{q}_m$ が内積について

$$(\boldsymbol{q}_i, \boldsymbol{q}_j) = \begin{cases} 1 & i = j \\ 0 & i \neq j \end{cases} \tag{4.42}$$

を満たすとき, この組は**正規直交系** (orthonormal) であるという.

m 個の線形独立なベクトルの組 $a_1, a_2, \ldots, a_m$ が与えられたとき，これから正規直交系を構成する方法に**グラム・シュミット直交化** (Gram-Schmidt orthogonalization) がある．まず，a_1 の 2 ノルムを 1 にしたベクトルを

$$q_1 = \frac{a_1}{\|a_1\|_2} \tag{4.43}$$

とする．このようにベクトルのノルムを 1 にすることを**正規化** (normalize) という．次に，a_2 から q_1 方向の成分を取り除き，

$$u_2 = a_2 - (a_2, q_1)q_1 \tag{4.44}$$

とすると，u_2 は q_1 と直交する．これを正規化して，

$$q_2 = \frac{u_2}{\|u_2\|_2} \tag{4.45}$$

とする．ベクトル a_{k-1} まで正規直交系が求められているとき，新しいベクトル a_k について，

$$u_k = a_k - \sum_{j=1}^{k-1} (a_k, q_j)q_j \tag{4.46}$$

とし，正規化を行って

$$q_k = \frac{u_k}{\|u_k\|_2} \tag{4.47}$$

とする．このとき，q_k は $q_1, q_2, \ldots, q_{k-1}$ と直交する．この計算を $k = 1$ から m まで繰り返すことで，正規直交系 $q_1, q_2, \ldots, q_m$ が得られる．このアルゴリズムを Algorithm 4.1 に示す．

Algorithm 4.1 の計算法は，計算誤差の影響を受けやすいことが知られている．誤差の影響を小さくする方法として，**修正グラム・シュミット** (modified Gram-Schmidt) **直交化**がある．先に示した直交化は，修正

Algorithm 4.1 古典グラム・シュミット直交化

　input: $\boldsymbol{a}_1, \boldsymbol{a}_2, \ldots, \boldsymbol{a}_m$

　output: $\boldsymbol{q}_1, \boldsymbol{q}_2, \ldots, \boldsymbol{q}_m$

　$\boldsymbol{q}_1 \leftarrow \frac{\boldsymbol{a}_1}{\|\boldsymbol{a}_1\|_2}$

　for $k = 2, 3, \ldots, m$ **do**

　　$\boldsymbol{u}_k \leftarrow \boldsymbol{a}_k$

　　for $j = 1, 2, \ldots, k-1$ **do**

　　　$\boldsymbol{u}_k \leftarrow \boldsymbol{u}_k - (\boldsymbol{a}_k, \boldsymbol{q}_j)\boldsymbol{q}_j$

　　end for

　　$\boldsymbol{q}_k \leftarrow \frac{\boldsymbol{u}_k}{\|\boldsymbol{u}_k\|_2}$

　end for

グラム・シュミット直交化と区別するために，**古典グラム・シュミット** (classical Gram-Schmidt) **直交化**とも呼ばれる.

　古典グラム・シュミット直交化では，

$$\boldsymbol{u}_k \leftarrow \boldsymbol{u}_k - (\boldsymbol{a}_k, \boldsymbol{q}_j)\boldsymbol{q}_j \tag{4.48}$$

のようにして $\boldsymbol{q}_j$ の成分を取り除いているが，修正グラム・シュミット直交化では $\boldsymbol{a}_k$ の代わりに直前に計算した $\boldsymbol{u}_k$ を用い，

$$\boldsymbol{u}_k \leftarrow \boldsymbol{u}_k - (\boldsymbol{u}_k, \boldsymbol{q}_j)\boldsymbol{q}_j \tag{4.49}$$

のようにする. これによって，計算誤差の影響が少なくなる.

　修正グラム・シュミット直交化では, 直前に求めた結果を使うため, $\boldsymbol{u}_k$ を逐次的に計算する必要がある. これに対して, 古典グラム・シュミット直交化では, 内側の for ループの計算での $(\boldsymbol{a}_k, \boldsymbol{q}_j)$ の計算は, $j = 1, 2, \ldots, k-1$ のそれぞれについてお互いに影響しない. そのため, これらの計算を逐

次的に行う必要がない．この性質は第 15 章で示す並列計算のときに利用
できる．そのため，並列計算では精度は低くても計算を高速に行うこと
を優先して，古典グラム・シュミット直交化を用いる場合もある．この
とき，古典グラム・シュミット直交化を一度適用した結果に対して，再
度，古典グラム・シュミット直交化を適用して精度を改善する方法もあ
る．この他にも直交化の計算法はいくつかあり，必要とする性質に合わ
せて選択する．

4.4　基本線形代数プログラム

　BLAS(basic linear algebra subprograms) は，行列とベクトルに対す
る基本的な線形代数の操作を行うプログラムを集めたものである．これ
らは行列やベクトルを扱う計算でよく現れ，計算の大部分を占めること
がある．そのため，できるだけ効率よく計算することが必要である．

　BLAS では，コンピュータの CPU ごとにそれに合わせて高い性能が
出せるように工夫を施したプログラムが用意されている．一般にはこの
ような計算で利用者が自分で高い性能が出るようにすることは容易では
なく，BLAS を使うことで高い性能を得やすくなる．また，異なるコン
ピュータに対してそれぞれに高い性能が得られるような BLAS が用意
されていると，プログラムを変えることなく同じ命令を用いてそのコン
ピュータに応じた性能が得られるようになる．そのため，BLAS で用意
されている機能については，できるだけ自分でプログラムを作成するの
ではなく，BLAS の関数を呼び出すようにすることが望ましい．

　BLAS は 3 つの種類に分類され，それぞれ Level 1, Level 2, Level 3 と
表す．Level 1 では主にベクトルどうしの計算に関する演算が含まれ，以

下のような形のベクトルのスカラー倍などがある.

$$y \leftarrow \alpha x + y. \tag{4.50}$$

この他に内積 $x^{\mathrm{T}}y$ やベクトルノルムの計算が含まれる. Level 2 では，以下のような形の行列とベクトルの積に関する演算が含まれる.

$$y \leftarrow \alpha Ax + \beta y. \tag{4.51}$$

Level 3 では行列と行列の積などが含まれる.

$$C \leftarrow \alpha AB + \beta C. \tag{4.52}$$

　行列に関するソフトウェアとして，**LAPACK** (linear algebra package) がある. このソフトウェアでは，後の章で示す連立一次方程式の解法や QR 分解，特異値分解，固有値問題の解法などが含まれる. 並列計算向けには **ScaLAPACK** (scalable linear algebra package) がある.

演習問題 **4** ────────────────────────

1. 行列 A, B およびベクトル $\boldsymbol{x}$ を

$$A = \begin{bmatrix} 1 & 1 \\ 1 & 0 \end{bmatrix}, \ B = \begin{bmatrix} 1 & 1 \\ 0 & 1 \end{bmatrix}, \ \boldsymbol{x} = \begin{bmatrix} 1 \\ 0 \end{bmatrix} \quad (4.53)$$

とする．このとき，$(A^2)\boldsymbol{x}$，$(A^3)\boldsymbol{x}$，$A(A\boldsymbol{x})$，$A(A(A\boldsymbol{x}))$ を求めよ．また，$(AB)^{\mathrm{T}}$，$B^{\mathrm{T}}A^{\mathrm{T}}$，$\mathrm{tr}(AB)$，$\mathrm{tr}(BA)$ を求めよ．

2. $A, B \in \mathbb{R}^{n \times n}$，$\boldsymbol{x} \in \mathbb{R}^n$ について，$A\boldsymbol{x}$，$(AB)\boldsymbol{x}$，$A(B\boldsymbol{x})$ の計算量を示せ．

3. 式 (4.24) の関係が成り立つことを確かめよ．

4. コーシー・シュワルツの不等式 (4.33) を用いて，ベクトルの 2 ノルムに対して三角不等式 $\|\boldsymbol{x} + \boldsymbol{y}\|_2 \le \|\boldsymbol{x}\|_2 + \|\boldsymbol{y}\|_2$ を示せ．

5. 行列 A を

$$A = \begin{bmatrix} 1 & 1 & 0 \\ 0 & 1 & 1 \\ 0 & 1 & 0 \end{bmatrix} \quad (4.54)$$

とする．このとき，$\|A\|_1$，$\|A\|_\infty$，$\|A\|_F$ を求めよ．

6. 行列 A は演習問題 4 の 5 と同様とし，A の列ベクトルに対してグラム・シュミット直交化を適用せよ．

5 | 連立一次方程式の解法

《**目標＆ポイント**》 与えられた条件を満たすようないくつかの値を決める問題で，とくに線形の関係がある場合には連立一次方程式が現れる．このような方程式をコンピュータで解くときに用いる方法について説明する．まず，人が手で計算できるような少ない変数の例題から始め，より一般的に多くの変数の場合の扱いについて示す．

《**キーワード**》 連立一次方程式の解法，LU 分解，前進後退代入

5.1 方程式の行列による表現

変数 x と y の間に

$$2x + y = 5 \tag{5.1}$$

の関係があるとき，この関係を満たす x，y は直線になる．同様に，

$$-x + 2y = 0 \tag{5.2}$$

も直線が得られる．

これらの 2 本の直線の交点は以下の**連立一次方程式** (system of linear equations) の解となる．

$$\begin{cases} 2x + y = 5 \\ -x + 2y = 0 \end{cases} \tag{5.3}$$

これを解くと

$$x = 2, \quad y = 1 \tag{5.4}$$

が得られる．ここで，求めたい x, y は**未知数** (unknown) という．この方程式を行列とベクトルで表すと

$$\begin{bmatrix} 2 & 1 \\ -1 & 2 \end{bmatrix} \begin{bmatrix} x \\ y \end{bmatrix} = \begin{bmatrix} 5 \\ 0 \end{bmatrix} \tag{5.5}$$

となる．式 (5.5) の左辺の行列の 1 列目と 2 列目を 2 つの列ベクトルとみなす．このとき，この行列とベクトルの積は，2 つの列ベクトルを用いて x と y を係数とする線形結合として表すことができる．

　以下の場合には，行列の 1 列目は 2 列目の 2 倍となっており，2 つの列ベクトルは線形従属となる．

$$\begin{bmatrix} 2 & 1 \\ 4 & 2 \end{bmatrix} \begin{bmatrix} x \\ y \end{bmatrix} = \begin{bmatrix} 5 \\ 0 \end{bmatrix}. \tag{5.6}$$

2 つの列ベクトルの線形結合で右辺ベクトルを表すことができず，これを満たす x と y はない．

　ただし，以下のような右辺では $2x + y = 5$ の関係を満たす任意の x, y が解となる．

$$\begin{bmatrix} 2 & 1 \\ 4 & 2 \end{bmatrix} \begin{bmatrix} x \\ y \end{bmatrix} = \begin{bmatrix} 5 \\ 10 \end{bmatrix}. \tag{5.7}$$

式 (5.7) では，右辺ベクトルは左辺の行列の列ベクトルを用いて表すことができる．

　以下の例では，これを満たす x と y はない．

$$\begin{bmatrix} 2 & 1 \\ -1 & 2 \\ 1 & 3 \end{bmatrix} \begin{bmatrix} x \\ y \end{bmatrix} = \begin{bmatrix} 5 \\ 0 \\ 2 \end{bmatrix}. \tag{5.8}$$

これは未知数に対して条件が多いため，**過剰条件** (overdetermined) であるという．このような問題の解法については第 10 章で扱う．

3 次元空間では変数 x, y, z に関する 1 次式

$$ax + by + cz = d \tag{5.9}$$

は平面を表す．3 つの平面の式

$$\begin{cases} 2x + y + z = 5 \\ -x + 2y + z = 0 \\ x + 3y + z = 5 \end{cases} \tag{5.10}$$

を満たす x, y, z は 3 平面の交点を表し，この連立一次方程式を解くと

$$x = 2, \quad y = 1, \quad z = 0 \tag{5.11}$$

が得られる．

この方程式を行列で表すと

$$\begin{bmatrix} 2 & 1 & 1 \\ -1 & 2 & 1 \\ 1 & 3 & 1 \end{bmatrix} \begin{bmatrix} x \\ y \\ z \end{bmatrix} = \begin{bmatrix} 5 \\ 0 \\ 5 \end{bmatrix} \tag{5.12}$$

となる．この左辺は，3 次元の 3 つの列ベクトルの線形結合を表している．

一般に，n 個の未知数 $x_1, x_2, \ldots, x_n$ に関する連立一次方程式を

$$\begin{cases} a_{11}x_1 + a_{12}x_2 + \cdots + a_{1n}x_n = b_1 \\ a_{21}x_1 + a_{22}x_2 + \cdots + a_{2n}x_n = b_2 \\ \qquad\qquad\qquad \vdots \\ a_{n1}x_1 + a_{n2}x_2 + \cdots + a_{nn}x_n = b_n \end{cases} \tag{5.13}$$

とする．行列 A，ベクトル $\boldsymbol{b}$，$\boldsymbol{x}$ を

$$
A = \begin{bmatrix} a_{11} & a_{12} & \cdots & a_{1n} \\ a_{21} & a_{22} & \cdots & a_{2n} \\ \vdots & \vdots & & \vdots \\ a_{n1} & a_{n2} & \cdots & a_{nn} \end{bmatrix}, \quad \boldsymbol{b} = \begin{bmatrix} b_1 \\ b_2 \\ \vdots \\ b_n \end{bmatrix}, \quad \boldsymbol{x} = \begin{bmatrix} x_1 \\ x_2 \\ \vdots \\ x_n \end{bmatrix} \tag{5.14}
$$

とすると，方程式は

$$
A\boldsymbol{x} = \boldsymbol{b} \tag{5.15}
$$

と表される．

5.2　ガウスの消去法

連立一次方程式を解く方法として**ガウスの消去法** (Gauss elimination) がある．以下の方程式を例にしてガウスの消去法を説明する．

$$
x_1 + x_2 - 2x_3 = 3 \tag{5.16a}
$$
$$
2x_1 - x_2 + x_3 = 2 \tag{5.16b}
$$
$$
x_2 - x_3 = 2 \tag{5.16c}
$$

式 (5.16a) に 2 をかけて式 (5.16b) からひくと

$$
x_1 + x_2 - 2x_3 = 3 \tag{5.17a}
$$
$$
-3x_2 + 5x_3 = -4 \tag{5.17b}
$$
$$
x_2 - x_3 = 2 \tag{5.17c}
$$

となり，式 (5.17b) と式 (5.17c) では x_1 を含む項がない．

次に式 (5.17b) に $-1/3$ をかけて式 (5.17c) からひくと

$$x_1 + x_2 - 2x_3 = 3 \tag{5.18a}$$

$$-3x_2 + 5x_3 = -4 \tag{5.18b}$$

$$\frac{2}{3}x_3 = \frac{2}{3} \tag{5.18c}$$

が得られ，式 (5.18c) は x_3 を含む項のみとなる．

式 (5.18c) から $x_3 = 1$ が得られる．式 (5.18b) の x_3 に 1 を代入すると

$$-3x_2 + 5 = -4 \tag{5.19}$$

となり，これより $x_2 = 3$ を得る．式 (5.18a) に $x_2 = 3$，$x_3 = 1$ を代入して，

$$x_1 = 2 \tag{5.20}$$

が得られる．

　始めに変数 x_1 を消去するとき，一番上の式の定数倍を他の式に加えることで 2 行目以下の式の x_1 を消去していた．これに対して，以下のような式が与えられた場合，一番上の式に x_1 が含まれないため，この式を用いて他の式の x_1 を消去することができない．

$$x_2 - x_3 = 2 \tag{5.21a}$$

$$2x_1 - x_2 + x_3 = 2 \tag{5.21b}$$

$$x_1 + x_2 - 2x_3 = 3 \tag{5.21c}$$

　式 (5.21b) と式 (5.21c) には x_1 が含まれているため，このどちらかの式を用いれば消去をすることができる．このとき，係数の値ができるだけ大きい式を用いた方が誤差の影響を小さくできるため，式 (5.21a) と

式 (5.21b) を入れ替えて以下のようにしてから消去を行う.

$$2x_1 - x_2 + x_3 = 2 \tag{5.22a}$$

$$x_2 - x_3 = 2 \tag{5.22b}$$

$$x_1 + x_2 - 2x_3 = 3 \tag{5.22c}$$

この消去に用いる変数の項を**軸** (pivot) と呼び，どの項を軸とするかを選ぶことを**軸選択** (pivoting) という．消去の過程で軸の係数が 0 でない場合には消去の計算を続けることはできるが，誤差の影響を少なくする観点から，このときにも軸選択を行い，一番係数の大きな式の項を軸とする．

ガウスの消去法の過程を n 変数の場合に一般化し，式 (5.14) の方程式を解く．ここでは簡単のため，軸選択を行わないものとする．アルゴリズムを Algorithm 5.1 に示す.

Algorithm 5.1 ガウスの消去法 (軸選択なし)

---
for $k = 1, 2, \ldots, n-1$ **do**
  for $i = k+1, k+2, \ldots, n$ **do**
    $m_{ik} \leftarrow a_{ik}/a_{kk}$
    for $j = k, k+1, \ldots, n$ **do**
      $a_{ij} \leftarrow a_{ij} - m_{ik}a_{kj}$
    end for
    $b_i \leftarrow b_i - m_{ik}b_k$
  end for
end for

5.3　LU 分解

　ガウスの消去法の計算は，以下で示すように，方程式の係数行列を 2 つ
の行列の積に分解しているとみなせる．行列とベクトルで表された連立
一次方程式 (5.15) を解く．このとき，変数の消去を順に行う過程と，そ
れに伴う右辺ベクトル $\boldsymbol{b}$ の計算を分け，まず行列 A に対する計算を行っ
た上で，次に右辺ベクトル $\boldsymbol{b}$ に対する計算を行う．

　消去の計算では，行列 A は下三角行列 L と上三角行列 U の 2 つの行
列の積の形に分解し，

$$A = LU \tag{5.23}$$

とする計算として表される．ここで L の対角要素はすべて 1 である．こ
のような分解を **LU 分解** (LU decomposition) という．

　行列 A が LU 分解できたとすると，連立一次方程式は

$$LU\boldsymbol{x} = \boldsymbol{b} \tag{5.24}$$

と表される．$\boldsymbol{y} = U\boldsymbol{x}$ とおくと上式は

$$L(U\boldsymbol{x}) = L\boldsymbol{y} = \boldsymbol{b} \tag{5.25}$$

となる．この方程式をまず $\boldsymbol{y}$ について解く．次に

$$U\boldsymbol{x} = \boldsymbol{y} \tag{5.26}$$

を解くことで解 $\boldsymbol{x}$ が得られる．L と U を係数行列とする計算はそれぞ
れ，**前進代入** (forward substitution)，**後退代入** (backward substitution)
と呼ばれる．

式 (5.16) に対応する係数行列と右辺ベクトルは

$$A = \begin{bmatrix} 1 & 1 & -2 \\ 2 & -1 & 1 \\ 0 & 1 & -1 \end{bmatrix}, \quad \boldsymbol{b} = \begin{bmatrix} 3 \\ 2 \\ 2 \end{bmatrix} \tag{5.27}$$

と表される. まずこの A に対して消去を行う. A の1行目に2をかけて2行目からひく.

$$A = \begin{bmatrix} 1 & 1 & -2 \\ 0 & -3 & 5 \\ 0 & 1 & -1 \end{bmatrix} \tag{5.28}$$

次に A の2行目に $-1/3$ をかけて3行目からひく.

$$A = \begin{bmatrix} 1 & 1 & -2 \\ 0 & -3 & 5 \\ 0 & 0 & \frac{2}{3} \end{bmatrix} \tag{5.29}$$

これによって A の対角より下の要素は0になり, 上三角行列になる. これを U とする. 行列の $(2,1)$ 要素の消去で用いた値 2, および $(3,2)$ 要素の消去で用いた値 $-1/3$ について, その値をそれぞれの消去に用いた位置の要素とし, 対角要素が1の行列を

$$L = \begin{bmatrix} 1 & 0 & 0 \\ 2 & 1 & 0 \\ 0 & -\frac{1}{3} & 1 \end{bmatrix} \tag{5.30}$$

とする. このとき,

$$A = LU \tag{5.31}$$

となることが確かめられる.

　この LU 分解の計算を A が n 次のときに一般化する．1 行目を用いて
2 行目を消去するには，1 行目に a_{21}/a_{11} をかけて 2 行目の各要素からひ
く．これは以下のように表される．

$$a_{2j} \leftarrow a_{2j} - a_{1j} \times (a_{21}/a_{11}), \quad j = 2, 3, \ldots, n. \tag{5.32}$$

これを 2 行目から n 行目まで行うと以下のように表される．

$$a_{ij} \leftarrow a_{ij} - a_{1j} \times (a_{i1}/a_{11}), \quad j = 2, 3, \ldots, n, \ i = 2, 3, \ldots, n. \tag{5.33}$$

この計算をさらに 2 列目以降について行うことで A は上三角行列にな
る．このアルゴリズムを Algorithm 5.2 に示す．ここでは簡単のため軸
選択はしていない．計算終了時には A は上三角行列になっており，これ
が $U = (u_{ij})$ となる．$L = (l_{ij})$ は下三角行列である．もし結果を直接 U
としたければ，最初に $U \leftarrow A$ として，a_{ij} のかわりに u_{ij} で計算すれば
よい．

　LU 分解が終わった後，これらを用いて解 $\boldsymbol{x}$ を求めるため，まず $L\boldsymbol{y} = \boldsymbol{b}$
を解く．L は下三角で対角要素は 1 のため，この性質を利用する．

　方程式

$$L\boldsymbol{y} = \boldsymbol{b} \tag{5.34}$$

の解 $\boldsymbol{y} = [y_1, y_2, \ldots, y_n]^{\mathrm{T}}$ は，$i = 1, 2, \ldots, n$ について

$$y_i = \left(b_i - \sum_{j=1}^{i-1} l_{ij} y_j \right) \tag{5.35}$$

によって求められる．また，方程式

$$U\boldsymbol{x} = \boldsymbol{y} \tag{5.36}$$

Algorithm 5.2 LU 分解 (軸選択なし)

---

input: A

output: L, A(上三角行列)

$L \leftarrow I$

for $k = 1, 2, \ldots, n-1$ **do**

  for $i = k+1, k+2, \ldots, n$ **do**

    $m_{ik} \leftarrow a_{ik}/a_{kk}$

    $a_{ik} \leftarrow 0$

    for $j = k+1, k+2, \ldots, n$ **do**

      $a_{ij} \leftarrow a_{ij} - m_{ik}a_{kj}$

    end for

    $l_{ik} \leftarrow m_{ik}$

  end for

end for

の解 $\boldsymbol{x} = [x_1, x_2, \ldots, x_n]^{\mathrm{T}}$ は，$i = n, n-1, \ldots, 1$ について

$$x_i = \left(y_i - \sum_{j=i+1}^{n} u_{ij}x_j \right) \times \frac{1}{u_{ii}} \tag{5.37}$$

によって求められる．アルゴリズムを Algorithm 5.3 に示す．

LU 分解を行うとき，1 つの係数を消去するための計算は

$$a_{ij} \leftarrow a_{ij} - m_{ik}a_{kj} \tag{5.38}$$

であり，このとき乗算と加減算を 1 回ずつ行う．各列の消去のために必要な加減乗算を求めると

$$\sum_{k=1}^{n-1}\sum_{i=k+1}^{n}\sum_{j=k+1}^{n} 2 = \frac{2}{3}n^3 - n^2 + \frac{1}{3}n \tag{5.39}$$

Algorithm 5.3 前進後退代入

input: L, U, $\boldsymbol{b}$

output: $\boldsymbol{x}$

for $i = 1, 2, \ldots, n$ do

$\quad y_i \leftarrow b_i - \sum_{j=1}^{i-1} l_{ij} y_j$

end for

for $i = n, n-1, \ldots, 1$ do

$\quad x_i \leftarrow \left(y_i - \sum_{j=i+1}^{n} u_{ij} x_j \right) \times \frac{1}{u_{ii}}$

end for

となり，n が十分に大きいときにはほぼ $(2/3)n^3$ とみなせる．前進代入のために行う乗算と加減算は，

$$\sum_{i=1}^{n} \sum_{j=1}^{i-1} 2 = n^2 - n, \tag{5.40}$$

後退代入のためには

$$\sum_{i=1}^{n} \left(\sum_{j=1}^{i-1} 2 + 1 \right) = n^2 \tag{5.41}$$

であり，合わせてほぼ $2n^2$ である．このことから，方程式を解くための主要な計算部分は LU 分解であり，$(2/3)n^3$ の計算が必要である．係数行列が変わらないまま何度も方程式を解くようなときには，一度 LU 分解をしておき，前進後退代入を繰り返せばよく，何度も LU 分解をする必要はない．

　正定値対称行列に対しては，軸選択をすることなく下三角行列 L によって

$$A = LL^{\mathrm{T}} \tag{5.42}$$

と分解することができる．このような分解を**コレスキー分解** (Cholesky decomposition) と呼ぶ．また，L は対角要素がすべて 1 として，下三角行列 L と対角行列 D によって

$$A = LDL^{\mathrm{T}} \tag{5.43}$$

とする分解を，**修正コレスキー分解** (modified Cholesky decomposition) と呼ぶ．コレスキー分解や修正コレスキー分解は，計算量が LU 分解のほぼ半分となる．そのため，A が正定値対称の場合にはこれらの分解を適用すると効率がよい．

5.4　方程式の残差と反復改良

連立一次方程式

$$A\boldsymbol{x} = \boldsymbol{b} \tag{5.44}$$

を解くとき，コンピュータでは A や $\boldsymbol{b}$ の要素を正確に表すことができないため誤差を含む．ε を小さな正の値とし，係数と右辺ベクトルに混入した誤差は小さく，εE, $\varepsilon \boldsymbol{d}$ と表されるとする．係数行列を $A + \varepsilon E$ とし，右辺ベクトルを $\boldsymbol{b} + \varepsilon \boldsymbol{d}$ とした連立一次方程式の解を $\boldsymbol{x} + \delta \boldsymbol{x}$ とすると，

$$(A + \varepsilon E)(\boldsymbol{x} + \delta \boldsymbol{x}) = (\boldsymbol{b} + \varepsilon \boldsymbol{d}) \tag{5.45}$$

と表される．

$\delta \boldsymbol{x}$ を見積もる値として**条件数** (condition number) がある．条件数は以下のように表される．

$$\kappa(A) = \|A\|_2 \|A^{-1}\|_2. \tag{5.46}$$

計算で得られた解の変動を表すベクトル $\delta \boldsymbol{x}$ は

$$\frac{\|\delta \boldsymbol{x}\|_2}{\|\boldsymbol{x}\|_2} \leq \kappa(A)\varepsilon \left(\frac{\|E\|_2}{\|A\|_2} + \frac{\|\boldsymbol{d}\|_2}{\|\boldsymbol{b}\|_2} \right) \tag{5.47}$$

の関係を満たす．この式より，計算によって得られた解の相対誤差は，係数や右辺ベクトルに混入した相対誤差に対して，条件数倍程度に拡大されることが分かる．条件数が大きいと，係数のわずかな誤差が大きく拡大される可能性がある．

　計算で得られた近似解を $\tilde{x}$ とする．このとき正確には $A\tilde{x} = b$ とならないため，その差を

$$r = b - A\tilde{x} \tag{5.48}$$

とおく．これは**残差** (residual) と呼ばれる．両辺の左から A^{-1} をかけると

$$A^{-1}r = A^{-1}b - \tilde{x} \tag{5.49}$$

となり，$x = A^{-1}b$ より，

$$x = \tilde{x} + A^{-1}r \tag{5.50}$$

となる．

　もし残差 r の計算を精度よく行うことができれば，この残差を右辺ベクトルにもつ連立一次方程式

$$Ay = r \tag{5.51}$$

を解いて，

$$x' = \tilde{x} + y \tag{5.52}$$

によって新しい近似解 x' を求めると，x' はより解 x に近づくことが期待できる．右辺ベクトル b について解くときに A の LU 分解をすでに求めているため，この方程式を解くには前進後退代入だけですみ，この計算量は LU 分解と比べると小さい．

84

演習問題 **5**

1. 式 (5.3), (5.6), (5.8) で与えられる直線のグラフを描け. 式 (5.8) において, 右辺ベクトルを $\boldsymbol{b} = [5, 0, \alpha]^{\mathrm{T}}$ としたとき, この方程式が解をもつ α を示せ. このときの直線のグラフを描け.

2. 3 変数 x_1, x_2, x_3 に関する連立一次方程式

$$\begin{cases} x_1 + 2x_2 + 3x_3 = 1 \\ x_1 + 3x_2 + 3x_3 = 2 \\ 2x_1 + 5x_2 + 7x_3 = 2 \end{cases} \quad (5.53)$$

について, ガウスの消去法を用いて解を求めよ.

3. 式 (5.53) を行列 A とベクトル $\boldsymbol{x}, \boldsymbol{b}$ によって $A\boldsymbol{x} = \boldsymbol{b}$ と表すとき, A, $\boldsymbol{b}$ を示せ. A の LU 分解を用いて解 $\boldsymbol{x}$ を求めよ.

4. 行列 A は演習問題 5 の 3 と同様とし, ベクトルを $\boldsymbol{b}_1 = [1, 0, 0]^{\mathrm{T}}$ とする. 演習問題 5 の 3 で求めた L と U を用いて, $A\boldsymbol{x}_1 = \boldsymbol{b}_1$ の解 $\boldsymbol{x}$ を求めよ. また, ベクトル $\boldsymbol{b}_2 = [0, 1, 0]^{\mathrm{T}}$, $\boldsymbol{b}_3 = [0, 0, 1]^{\mathrm{T}}$ について, $A\boldsymbol{x}_2 = \boldsymbol{b}_2$, および $A\boldsymbol{x}_3 = \boldsymbol{b}_3$ の解 $\boldsymbol{x}_2, \boldsymbol{x}_3$ を求めよ. 行列 $X = [\boldsymbol{x}_1, \boldsymbol{x}_2, \boldsymbol{x}_3]$ としたとき, $AX = XA = I$ となることを確かめよ.

5. 行列 A およびベクトル $\boldsymbol{b}$ は演習問題 5 の 3 と同様とする. A の LU 分解を軸選択付きで求めよ.

6 | 多項式と有理式

《**目標＆ポイント**》 コンピュータでは四則演算の組み合わせで，より複雑な計算を行っている．このとき，多項式や有理式がよく用いられる．ここでは，多項式や有理式の表現や計算方法について述べる．また，近似や積分などの計算で重要な役割を果たす直交多項式についても説明する．

《**キーワード**》 多項式，多項式の演算，直交多項式，有理式

6.1 多項式の演算

変数 x について，

$$2x^2 + 3x + 5 \tag{6.1}$$

のような式を**多項式** (polynomial) と呼ぶ．ここで，式中の $2x^2, 3x, 5$ を**項** (term) と呼び，多項式は項の和として表される．また，$2, 3, 5$ のような変数にかかる値を**係数** (coefficient) と呼ぶ．

1 変数の多項式は一般に係数 $a_n, a_{n-1}, \ldots, a_0$ を用いて

$$f(x) = a_n x^n + a_{n-1} x^{n-1} + \cdots + a_0 \tag{6.2}$$

のように表される．ここで n は**次数** (degree) であり，$\deg f$ で表す．また，$a_k x^k$ を k 次の項と呼ぶ．x^n の項の係数 a_n は**最高次係数** (leading coefficient) と呼ばれ，とくに $a_n = 1$ の場合は**モニック** (monic) であるという．a_0 は**定数項** (constant term) と呼ばれる．

2 つの多項式 $f(x)$ と $g(x)$ を

$$f(x) = a_m x^m + a_{m-1} x^{m-1} + \cdots + a_0,$$
$$g(x) = b_n x^n + b_{n-1} x^{n-1} + \cdots + b_0 \tag{6.3}$$

とし, $f(x)$ の次数は $g(x)$ の次数以上とする. このとき, 多項式の和 $h(x) = f(x) + g(x)$ は,

$$f(x)+g(x) = a_m x^m + \cdots + a_{n+1} x^{n+1} + (a_n+b_n)x^n + \cdots + (a_0+b_0) \tag{6.4}$$

のように表せる. この計算は Algorithm 6.1 のようになる.

Algorithm 6.1 多項式の和 $h(x) = f(x) + g(x)$

Input: $f(x), g(x)$

Output: $h(x) = f(x) + g(x)$

for $i = 0, 1, \ldots, n$ **do**

    $c_i \leftarrow a_i + b_i$

end for

for $i = n+1, n+2, \ldots, m$ **do**

    $c_i \leftarrow a_i$

end for

多項式の積を $h(x) = f(x)g(x)$ とし,

$$h(x) = c_{m+n} x^{m+n} + c_{m+n-1} x^{m+n-1} + \cdots + c_1 x + c_0 \tag{6.5}$$

とおく. このとき,

$$f(x)g(x) = (a_m b_n)x^{m+n} + (a_{m-1}b_n + a_m b_{n-1})x^{m+n-1} + \cdots$$
$$+ (a_2 b_0 + a_1 b_1 + a_0 b_2)x^2 + (a_1 b_0 + a_0 b_1)x + a_0 b_0 \tag{6.6}$$

と表される．式 (6.6) において，i 次の項では $a_{i-j}b_j$ のように j 次と $i-j$ 次の係数の積を足し合わせている．このとき，たとえば $n=1$ のときには $b_2=0$ のため，2 次の項は $(a_2b_0 + a_1b_1)x^2$ となる．これは b_j において，j の上限を $\min(n,i)$ とすればよい．同様に a_{i-j} において $i-j \geq 0$ とするために j の下限を $\max(0, i-m)$ で与える．これは Algorithm 6.2 のようになる．

Algorithm 6.2 多項式の積 $h(x) = f(x)g(x)$

Input: $f(x), g(x)$

Output: $h(x) = f(x)g(x)$

for $i = 0, 1, \ldots, m+n$ **do**

$$c_i \leftarrow \sum_{j=\max(0,i-m)}^{\min(n,i)} a_{i-j}b_j$$

end for

多項式 $f(x)$ を $g(x)$ で割った商 $q(x)$ と剰余 $r(x)$ は

$$f(x) = q(x)g(x) + r(x) \tag{6.7}$$

の関係がある．ここで $\deg r < \deg g$ である．また，$\deg q = \deg f - \deg g = m - n$ である．

$$q(x) = q_{m-n}x^{m-n} + q_{m-n-1}x^{m-n-1} + \cdots + q_0,$$
$$r(x) = r_{n-1}x^{n-1} + r_{n-2}x^{n-2} + \cdots + r_0 \tag{6.8}$$

とおき，$q(x)g(x) + r(x)$ と $f(x)$ の係数を比較することで，$q(x), r(x)$ の係数が求められる．このとき，まず $q(x)$ の係数を最高次から順に求める．それを用いて $r(x)$ の係数を求める．これは Algorithm 6.3 のようになる．このような多項式の積や除算などを扱うときには，**数式処理言語** (Symbolic Computing Language) が便利である．

88

Algorithm 6.3 多項式の割り算 $f(x) = q(x)g(x) + r(x)$

Input: $f(x), g(x)$

Output: $q(x), r(x)$

for $k = m-n, m-n-1, \ldots, 0$ **do**

$$q_k \leftarrow \Big(a_{n+k} - \sum_{j=0}^{\min(m-n-k,n)-1} q_{k+1+j}b_{n-1-j}\Big)/b_n$$

end for

for $k = 0, 1, \ldots, n-1$ **do**

$$r_k \leftarrow a_k - \sum_{j=0}^{\min(k,m-n)} q_j b_{k-j}$$

end for

6.2 多項式の値と導関数値の計算

n 次の多項式を

$$f(x) = a_n x^n + a_{n-1}x^{n-1} + \cdots + a_0 \tag{6.9}$$

とし，$a_n \neq 0$ とする．$x = \alpha$ における多項式の値

$$f(\alpha) = a_n \alpha^n + a_{n-1}\alpha^{n-1} + \cdots + a_0 \tag{6.10}$$

は，α^k を $k = 1$ から順次計算し，それに a_k をかけて足していくことで求められる．しかし，

$$f(\alpha) = (\cdots((a_n\alpha + a_{n-1})\alpha + a_{n-2})\alpha + \cdots)\alpha + a_0 \tag{6.11}$$

のようにして，括弧の一番中から順に計算することで α^k の計算を避けることができる．

これはまず，$a_n\alpha$ を計算し，その結果に a_{n-1} を足して α をかける．次に a_{n-2} を足して α をかける．これを繰り返すことで $f(\alpha)$ を求めるこ

とができる. この計算法は**ホーナー法** (Horner's method) と呼ばれる. ホーナー法を Algorithm 6.4 に示す.

Algorithm 6.4 ホーナー法による多項式の値の計算

Input: $f(x), \alpha$

Output: $f(\alpha)$

$f \leftarrow a_n$

for $k = n-1, n-2, \ldots, 0$ **do**

$\quad f \leftarrow f \times \alpha + a_k$

end for

この計算は次に示すように多項式の 1 次式による割り算と同じである. $f(x)$ を $(x - \alpha)$ で割ったときの商と剰余をそれぞれ $q_0(x)$, β_0 とおくと

$$f(x) = q_0(x)(x - \alpha) + \beta_0 \tag{6.12}$$

と表せる. このとき

$$f(\alpha) = \beta_0 \tag{6.13}$$

となるので, $f(x)$ の α での値は $f(x)$ を $(x - \alpha)$ で割ったときの剰余を求めればよいことが分かる (剰余の定理).

さらに $q_0(x)$ を $(x - \alpha)$ で割った商を $q_1(x)$, 剰余を β_1 とおくと

$$f(x) = (q_1(x)(x - \alpha) + \beta_1)(x - \alpha) + \beta_0 \tag{6.14}$$

となる. 両辺を x で微分すると

$$f'(x) = q_1(x)(x - \alpha) + \beta_1 + (q_1'(x)(x - \alpha) + q_1(x))(x - \alpha) \tag{6.15}$$

これより

$$f'(\alpha) = \beta_1 \tag{6.16}$$

であることが分かる.

さらに $q_1(x)$ を $(x - \alpha)$ で割った商を $q_2(x)$, 剰余を β_2 とすると,

$$f(x) = ((q_2(x)(x - \alpha) + \beta_2)(x - \alpha) + \beta_1)(x - \alpha) + \beta_0 \qquad (6.17)$$

となり, この両辺を x で 2 階微分すると

$$\frac{f''(\alpha)}{2!} = \beta_2 \qquad (6.18)$$

となる. 同様にして $f^{(3)}(\alpha)/3!$, $f^{(4)}(\alpha)/4!$, ... が順に求められる. ここで, $f^{(j)}(x)$ は $f(x)$ の j 階導関数を表す. Algorithm 6.5 に高階導関数まで求める方法を示す. ここでは, $f(x)$ の係数 $a_0, a_1, \ldots, a_n$ に上書きして, $q_0(x)$ の係数を求め, a_0 に β_0 が入る. 同様に $q_1(x), q_2(x), \ldots$ を順次求めて, その係数を $a_0, a_1, \ldots, a_{n-1}$ に上書きし, a_1 に β_1, a_2 に β_2 が順に入る.

Algorithm 6.5 多項式の高階導関数値の計算

Input: $f(x), \alpha, m$

Output: $\beta_k = f^{(k)}(\alpha)/k!, k = 0, 1, \ldots, m$

for $k = 0, 1, \ldots, m$ **do**

    for $j = n - 1, n - 2, \ldots, k$ **do**

        $a_j \leftarrow a_{j+1} \times \alpha + a_j$

    end for

    $\beta_k \leftarrow a_k$

end for

6.3 直交多項式

チェビシェフ多項式 (Chebyshev polynomial) は，**直交多項式** (orthogonal polynomial) と呼ばれる性質をもっており，数値計算においてよく用いられる．区間 $[-1, 1]$ における n 次のチェビシェフ多項式 $T_n(x)$ は，$T_0(x) = 1$, $T_1(x) = x$ として，漸化式

$$T_k(x) = 2xT_{k-1}(x) - T_{k-2}(x), \quad k = 2, 3, \ldots, n \tag{6.19}$$

によって求められる．実際に $n = 4$ まで求めると

$$\begin{aligned} T_2(x) &= 2x^2 - 1 \\ T_3(x) &= 4x^3 - 3x \\ T_4(x) &= 8x^4 - 8x^2 + 1 \end{aligned} \tag{6.20}$$

のようになる．チェビシェフ多項式は $x = \cos\theta$ として，

$$T_k(\cos\theta) = \cos k\theta \tag{6.21}$$

の関係がある．

　チェビシェフ多項式の係数は n が大きくなると係数が急激に増大する．たとえば，$n = 20$ のときは

$$\begin{aligned} T_{20}(x) = {}&524288x^{20} - 2621440x^{18} + 5570560x^{16} - 6553600x^{14} \\ &+ 4659200x^{12} - 2050048x^{10} + 549120x^8 - 84480x^6 \\ &+ 6600x^4 - 200x^2 + 1 \end{aligned} \tag{6.22}$$

となる．そのため，多項式の値を計算するときに，$T_n(x)$ の係数を求めてから x の値を代入して多項式の値の計算をすることはしない．適当な

実数 α に対して，$x = \alpha$ におけるチェビシェフ多項式の値 $T_n(\alpha)$ を計算するには，$T_0 = 1$, $T_1 = \alpha$ として，漸化式

$$T_k = 2\alpha T_{k-1} - T_{k-2}, \quad k = 2, 3, \ldots, n \tag{6.23}$$

によって値 T_n を求める．

漸化式の計算において，途中で計算誤差が増大するかどうかが問題となることがある．定数係数の 3 項漸化式を

$$u_k + a u_{k-1} + b u_{k-2} = 0, \quad k = 2, 3, \ldots \tag{6.24}$$

とする．このとき，2 次方程式

$$\lambda^2 + a\lambda + b = 0 \tag{6.25}$$

を漸化式 (6.24) の**特性方程式** (characteristic equation) といい，その解を**特性解** (characteristic solution) という．特性解を λ_1, λ_2 $(\lambda_1 \neq \lambda_2)$ としたとき，u_k は

$$u_k = c_1 \lambda_1^k + c_2 \lambda_2^k \tag{6.26}$$

と表すことができる．初期値 u_0, u_1 が与えられると，

$$\begin{aligned} u_0 &= c_1 + c_2, \\ u_1 &= c_1 \lambda_1 + c_2 \lambda_2 \end{aligned} \tag{6.27}$$

より，c_1, c_2 は

$$c_1 = \frac{u_1 - \lambda_2 u_0}{\lambda_1 - \lambda_2}, \quad c_2 = \frac{\lambda_1 u_0 - u_1}{\lambda_1 - \lambda_2} \tag{6.28}$$

となる．

漸化式によって計算するとき，λ_1, λ_2 のどちらかの絶対値が 1 より大きいと，λ_1^k あるいは λ_2^k の影響で，最初に混入したわずかな誤差がしだ

いに増大していく．チェビシェフ多項式の場合，式 (6.23)，式 (6.25) から，$a = -2x$，$b = 1$ より，

$$\lambda_1 = x + \sqrt{x^2 - 1}, \quad \lambda_2 = x - \sqrt{x^2 - 1} \tag{6.29}$$

となる．

x の範囲を $-1 \leq x \leq 1$ として $x = \cos\theta$ で与え，$\sqrt{x^2 - 1} = \sqrt{-1}\sqrt{1 - x^2}$ の関係を用いると，

$$\begin{cases} \lambda_1 = x + \sqrt{x^2 - 1} = \cos\theta + \mathrm{i}\sin\theta = e^{\mathrm{i}\theta} \\ \lambda_2 = x - \sqrt{x^2 - 1} = \cos\theta - \mathrm{i}\sin\theta = e^{-\mathrm{i}\theta} \end{cases} \tag{6.30}$$

となる．ここで $\mathrm{i} = \sqrt{-1}$ であり，$e^{\mathrm{i}\theta} = \cos\theta + \mathrm{i}\sin\theta$ は**オイラーの公式** (Euler's formula) と呼ばれる．このとき，$|\lambda_1|$，$|\lambda_2|$ はともに 1 を越えないため，漸化式の計算によって混入した誤差が増幅されることはなく，次数 n が大きくても安定に漸化式によって値を計算することができる．

チェビシェフ多項式の漸化式を微分すると，初期値を $T_0'(x) = 0, T_1'(x) = 1$ として，

$$T_k'(x) = 2xT_{k-1}'(x) + 2T_{k-1}(x) - T_{k-2}'(x), \quad k = 2, 3, \ldots, n \tag{6.31}$$

となる．したがって，$T_n'(x)$ をこの漸化式によって求めることができる．第 8 章で示すニュートン法では，方程式 $f(x) = 0$ の解を求めるときに，関数値とその導関数値の計算が必要となる．このようなときに，上記のような導関数値を求める漸化式が利用できる．

関数 $f(x)$ と $g(x)$ の積の区間 $[-1, 1]$ での定積分を

$$\langle f, g \rangle = \int_{-1}^{1} f(x)g(x)dx \tag{6.32}$$

94

と表すことにする．これはベクトルの内積に対応する．2 つの関数が以
下の関係

$$\langle f, g \rangle = 0 \tag{6.33}$$

を満たすとき，$f(x)$ と $g(x)$ は**直交** (orthogonal) であるという．
　$p_k(x)$ を k 次の直交多項式とすると

$$\langle p_k, p_\ell \rangle = 0, \quad k \neq \ell \tag{6.34}$$

である．多項式を定数倍しても直交性の条件には影響しないため，$p_k(x)$
は最高次の係数を 1 に正規化し，

$$p_k(x) = x^k + a_{k,k-1} x^{k-1} + \cdots + a_{k,0} \tag{6.35}$$

とおく．任意の n 次の多項式

$$q(x) = a_n x^n + a_{n-1} x^{n-1} + \cdots + a_0 \tag{6.36}$$

は直交多項式 $p_k(x)$ によって

$$q(x) = b_n p_n(x) + b_{n-1} p_{n-1}(x) + \cdots + b_0 p_0(x) \tag{6.37}$$

と表すことができる．これは多項式 $p_0(x), \ldots, p_n(x)$ に係数をかけて足
し合わせており，多項式の線形結合である．式 (6.37) より

$$\langle p_{n+1}, q \rangle = b_n \langle p_{n+1}, p_n \rangle + b_{n-1} \langle p_{n+1}, p_{n-1} \rangle + \cdots + b_0 \langle p_{n+1}, p_0 \rangle = 0 \tag{6.38}$$

となる．
　モニックとしたため，0 次の場合には $p_0(x) = 1$ となる．$p_1(x)$ は 1 次
でモニックのため

$$p_1(x) = x - \alpha_1 \tag{6.39}$$

とおくと，直交性の条件から

$$0 = \langle p_1, p_0 \rangle = \langle x, p_0 \rangle - \alpha_1 \langle 1, p_0 \rangle \tag{6.40}$$

を得る．これより

$$\alpha_1 = \frac{\langle x, p_0 \rangle}{\langle 1, p_0 \rangle} = \frac{\int_{-1}^{1} x \, dx}{\int_{-1}^{1} 1 \, dx} = 0 \tag{6.41}$$

となる．よって，$p_1(x) = x$ である．

$n+1$ 次の多項式 p_{n+1} から xp_n をひくと n 次になるため，n 次以下の多項式 $p_0, p_1, \ldots, p_n$ の線形結合で表すことができる．これを

$$p_{n+1} - xp_n = \alpha_{n+1} p_n + \beta_{n+1} p_{n-1} + \gamma_{n+1} p_{n-2} + \cdots \tag{6.42}$$

と表すことにする．p_{n+1} と p_n が直交するためには

$$0 = \langle p_{n+1}, p_n \rangle = \langle xp_n, p_n \rangle + \alpha_{n+1} \langle p_n, p_n \rangle + \beta_{n+1} \langle p_n, p_{n-1} \rangle + \cdots \tag{6.43}$$

を満たす必要がある．p_n の直交性から $\langle p_i, p_n \rangle = 0, \, 0 \leq i \leq n-1$ であるので，

$$\langle xp_n, p_n \rangle + \alpha_{n+1} \langle p_n, p_n \rangle = 0 \tag{6.44}$$

となり，

$$\alpha_{n+1} = -\frac{\langle xp_n, p_n \rangle}{\langle p_n, p_n \rangle} = -\frac{\int_{-1}^{1} x p_n^2 \, dx}{\int_{-1}^{1} p_n^2 \, dx} \tag{6.45}$$

を得る．p_{n+1} と p_{n-1} についても同様に考えると

$$\beta_{n+1} = -\frac{\langle xp_n, p_{n-1} \rangle}{\langle p_{n-1}, p_{n-1} \rangle} = -\frac{\int_{-1}^{1} x p_n p_{n-1} \, dx}{\int_{-1}^{1} p_{n-1}^2 \, dx} \tag{6.46}$$

となる．さらに，γ_{n+1} 以降の係数は 0 となることを確かめることができる．よって，p_n についての漸化式

$$p_{n+1} = xp_n + \alpha_{n+1} p_n + \beta_{n+1} p_{n-1}, \quad n = 1, 2, \ldots \tag{6.47}$$

を得る．この漸化式で順に求めると

$$p_2(x) = x^2 - \frac{1}{3}$$
$$p_3(x) = x^3 - \frac{3x}{5} \tag{6.48}$$
$$p_4(x) = x^4 - \frac{6x^2}{7} + \frac{3}{35}$$

となる．これは**ルジャンドル多項式** (Legendre polynomial) の定数倍となっている．

適当な関数 $w(x)$ を用い，積分区間を $[a,b]$ として，

$$\langle f, g \rangle_w = \int_a^b f(x)g(x)w(x)dx \tag{6.49}$$

を考えることができる．$w(x)$ は**重み関数** (weight function) と呼ばれ，この選び方でさまざまな直交多項式が得られる．複素関数に対しては複素共役 $\overline{g}(x)$ を用いて

$$\langle f, g \rangle_w = \int_a^b f(x)\overline{g}(x)w(x)dx \tag{6.50}$$

によって定義する．式 (6.33) と同様に $\langle f, g \rangle_w = 0$ のとき，$f(x)$ と $g(x)$ は直交であるという．このようにして得られた多項式について，

$$\langle f, f \rangle_w = 1 \tag{6.51}$$

と正規化した多項式を**正規直交多項式** (orthnormal polynomial) という．

たとえば，重み関数として $w(x) = 1/\sqrt{1-x^2}$, 積分区間として $a = -1$, $b = 1$ とし，

$$\langle f, g \rangle_w = \int_{-1}^1 f(x)g(x)\frac{1}{\sqrt{1-x^2}}dx \tag{6.52}$$

とすると，チェビシェフ多項式が得られる．また，**ラゲール多項式** (Laguerre polynomial) は

$$\langle f, g \rangle_w = \int_0^\infty f(x)g(x)e^{-x}dx, \tag{6.53}$$

エルミート多項式 (Hermite polynomial) は

$$\langle f, g \rangle_w = \int_{-\infty}^\infty f(x)g(x)e^{-\frac{x^2}{2}}dx, \tag{6.54}$$

である．

余弦関数による列 $\{1, \cos x, \cos 2x, \dots\}$ と区間 $[0, \pi]$ を考えると

$$\int_0^\pi \cos mx \cdot \cos nx dx = \frac{\pi}{2}\delta_{mn} \tag{6.55}$$

となる．ここで，δ_{mn} は**クロネッカーのデルタ** (Kronecker delta) で

$$\delta_{ij} = \begin{cases} 1, & i = j \\ 0, & i \neq j \end{cases} \tag{6.56}$$

である．また，三角関数による列 $\{1, \cos x, \sin x, \cos 2x, \sin 2x, \dots\}$ と区間 $[-\pi, \pi]$ を考えると

$$\begin{aligned} \int_{-\pi}^\pi \cos mx \cdot \cos nx dx &= \pi\delta_{mn}, \\ \int_{-\pi}^\pi \sin mx \cdot \sin nx dx &= \pi\delta_{mn}, \\ \int_{-\pi}^\pi \cos mx \cdot \sin nx dx &= 0 \end{aligned} \tag{6.57}$$

の関係があり，これらも直交関数系をなすことが分かる．

98

6.4 有理式

有理式 (rational expression) は 2 つの多項式 $f(x)$, $g(x)$ によって

$$r(x) = \frac{f(x)}{g(x)} \tag{6.58}$$

のように表される．このとき $f(x)$ は**分子** (numerator)，$g(x)$ は**分母** (denominator) と呼ばれる．

ここで，有理式の計算と関連して，**拡張ユークリッド算法** (extended Euclid's algorithm) を示す．2 つの多項式を

$$
\begin{aligned}
f(x) &= a_m x^m + a_{m-1} x^{m-1} + \cdots + a_0, \\
g(x) &= b_n x^n + b_{n-1} x^{n-1} + \cdots + b_0
\end{aligned}
\tag{6.59}
$$

とする．これを用いて $f_0(x) = f(x)$, $f_1(x) = g(x)$ として，整数のユークリッドの互除法と同じようにつぎつぎに割って商と剰余を求める．

$$
\begin{aligned}
(q_1, f_2) &= f_0 \text{ div } f_1, \\
(q_2, f_3) &= f_1 \text{ div } f_2, \\
&\vdots \\
(q_\ell, f_{\ell+1}) &= f_{\ell-1} \text{ div } f_\ell.
\end{aligned}
\tag{6.60}
$$

$f_{\ell+1}(x) \equiv 0$ となったとき $f_\ell(x)$ は $f_0(x)$ と $f_1(x)$ の共通因子のなかでもっとも次数が高く最大公約多項式である．ここで，式 $f(x) \equiv 0$ は $f(x)$ が x に関わらず恒等的に 0 となることを表している．$q_k(x)$, $f_k(x)$, $k = 1, 2, \ldots, \ell$ をそれぞれ**多項式商列**，**多項式剰余列**という．多項式剰余列には

$$A_k(x) f_0(x) + B_k(x) f_1(x) = f_k(x) \tag{6.61}$$

で $\deg A_k < \deg f_1 - \deg f_k$, $\deg B_k < \deg f_0 - \deg f_k$ を満たすような
多項式 $A_k(x)$, $B_k(x)$ が存在する.

　多項式剰余列 $f_k(x)$ とそれに対応した 2 つの多項式 $A_k(x)$, $B_k(x)$ を
求める計算法を**拡張ユークリッド算法**という. 拡張ユークリッド算法に
よって式 (6.61) を満たす多項式列 f_k, A_k, B_k を求めるアルゴリズムを
Algorithm 6.6 に示す. ここでは多項式の積や除算を行っている.

Algorithm 6.6 拡張ユークリッド算法

　Input: $f(x), g(x)$

　Output: $\{f_k\}, \{A_k\}, \{B_k\}$

　$f_0 \leftarrow f$, $f_1 \leftarrow g$

　$A_0 \leftarrow 1$, $A_1 \leftarrow 0$

　$B_0 \leftarrow 0$, $B_1 \leftarrow 1$

　for $k = 1, 2, \ldots$ **do**

　　$(q_k, f_{k+1}) \leftarrow f_{k-1} \text{ div } f_k$

　　$A_{k+1} \leftarrow -q_k \times A_k + A_{k-1}$

　　$B_{k+1} \leftarrow -q_k \times B_k + B_{k-1}$

　　if $f_{k+1} \equiv 0$ **then**

　　　break

　　end if

　end for

　$l \leftarrow k$

連分数 (continued fraction) は

$$b_0 + \cfrac{a_1}{b_1 + \cfrac{a_2}{b_2 + \cfrac{a_3}{b_3 + \ddots}}} \tag{6.62}$$

のように分数の中にまた分数が現れるものである．表記を簡単にするために式 (6.62) を

$$b_0 + \frac{a_1|}{|\ b_1} + \frac{a_2|}{|\ b_2} + \frac{a_3|}{|\ b_3} + \cdots \tag{6.63}$$

のように表すことにする．

途中で打ち切った連分数

$$C_n = b_0 + \frac{a_1|}{|\ b_1} + \frac{a_2|}{|\ b_2} + \cdots + \frac{a_n|}{|\ b_n} \tag{6.64}$$

は，これに対応する有理式

$$C_n = P_n/Q_n \tag{6.65}$$

がある．この P_n, Q_n を連分数から求める方法を Algorithm 6.7 に示す．P_{k+1} と Q_{k+1} を求める漸化式は，拡張ユークリッド算法の A_{k+1} と B_{k+1} を求める漸化式と似ており，初期値の設定から P_{k+1} と A_{k+1}，Q_{k+1} と B_{k+1} がそれぞれ対応していることが分かる．

たとえば，指数関数の連分数展開は

$$C_n(x) = 1 + \frac{x|}{|\ 1} - \frac{x|}{|\ 2} + \frac{x|}{|\ 3} - \frac{2x|}{|\ 4} + \frac{2x|}{|\ 5} - \frac{3x|}{|\ 6} + \cdots \tag{6.66}$$

で与えられる．途中で打ち切った式を求めると，$C_4(x)$ は，

$$C_4(x) = \frac{1 + \dfrac{x}{2} + \dfrac{x^2}{12}}{1 - \dfrac{x}{2} + \dfrac{x^2}{12}} \tag{6.67}$$

Algorithm 6.7 連分数展開に対応する有理式の計算

    Input: $a_1, a_2, \ldots, a_n, b_0, b_1, \ldots, b_n$

    Output: P, Q

    $P_{-1} \leftarrow 1, P_0 \leftarrow b_0$

    $Q_{-1} \leftarrow 0, Q_0 \leftarrow 1$

    for $k = 0, 1, \ldots, n - 1$ **do**

        $P_{k+1} \leftarrow b_{k+1} P_k + a_{k+1} P_{k-1}$

        $Q_{k+1} \leftarrow b_{k+1} Q_k + a_{k+1} Q_{k-1}$

    end for

$C_6(x)$ は

$$C_6(x) = \frac{1 + \dfrac{x}{2} + \dfrac{x^2}{10} + \dfrac{x^3}{120}}{1 - \dfrac{x}{2} + \dfrac{x^2}{10} - \dfrac{x^3}{120}} \tag{6.68}$$

となる．また，$x = 1$ を代入して値を求めると

$$C_2(1) = 3.000000000$$
$$C_3(1) = 2.750000000$$
$$C_4(1) = 2.714285714 \tag{6.69}$$
$$C_5(1) = 2.717948718$$
$$C_6(1) = 2.718309859$$

となる．$e = 2.7182818$ と比較すると，$C_6(1)$ では相対誤差が 1.0×10^{-5} になっている．

102

演習問題 **6**

1. 多項式 $f(x) = x^3 - x^2 - 2x + 3$, $g(x) = x^2 - 3x + 2$ に対して，和 $f(x) + g(x)$, 積 $f(x)g(x)$, および $f(x)$ を $g(x)$ で割った商 $q(x)$ と 剰余 $r(x)$ を求めよ．

2. 多項式 $f(x) = x^3 - x^2 - 2x + 3$ に対して，$x = 2$ における値 $f(2)$ を ホーナー法を用いて求めよ．また，その導関数値，および 2 階導関 数値を求めよ．

3. チェビシェフ多項式の漸化式を用いて，$T_5(x)$ を求めよ．x^2 および x^3 をチェビシェフ多項式で表せ．式 (6.23) を用いて $x = 1$ でのチェ ビシェフ多項式の値を 4 次まで求めよ．

4. 多項式 $f_0(x) = x^3 - x^2 - 2x + 2$, $f_1(x) = x^2 - 3x + 2$ に関して，拡 張ユークリッド算法を適用せよ．

5. n 項の連分数を

$$C_n = 1 + \frac{1|}{|1} + \frac{1|}{|1} + \cdots + \frac{1|}{|1} = \frac{P_n}{Q_n} \tag{6.70}$$

とする．このとき，Algorithm 6.7 を用いて $C_n = P_n/Q_n$, $n = 1, 2, 3, 4$ の値を求めよ．

7 | 関数の近似

《**目標＆ポイント**》 与えられた関数やデータに対して，それを表す近似式の計算
方法を紹介する．高階導関数を用いたテイラー展開による近似や，与えられた点
を通る多項式を求める多項式補間などについて説明する．また，有理式による近
似についても示す．

《**キーワード**》 多項式補間，標本点と標本値，有理関数近似

7.1 テイラー展開による近似

コンピュータや関数電卓では，三角関数や指数関数などを計算するこ
とができる．コンピュータがないころは，このような関数の値が必要な
ときには，数表を用いたり簡単な式で近似的に表していた．

振り子の運動では，振り子のひもの長さを L，重力加速度を g として，
鉛直方向からの振り子の角度を x とすると，

$$\frac{d^2x}{dt^2} = -\frac{g}{L}\sin x \tag{7.1}$$

と表される．この式中で $\sin x$ が現れるが，振り子の振れ幅が小さいと
して，

$$\sin x \approx x \tag{7.2}$$

と近似して，$\sin x$ を x で置き換え，

$$\frac{d^2x}{dt^2} = -\frac{g}{L}x \tag{7.3}$$

とすると比較的簡単に解を求めることができる．

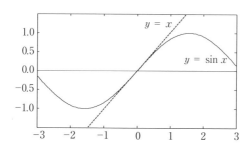

図 7.1　$\sin x$ と x のグラフ

　これは $\sin x$ を 1 次式で表した例であるが，より高い次数の多項式を用いることが考えられる．このような方法として**テイラー展開** (Taylor expansion) を用いた方法がある．

　点 a における関数 $f(x)$ のテイラー展開は

$$f(x) = f(a) + f'(a)(x-a) + \frac{f''(a)}{2!}(x-a)^2 + \cdots + \frac{f^{(n)}(a)}{n!}(x-a)^n + R_{n+1}(x)$$

$$\tag{7.4}$$

で与えられる．ここで，$f^{(k)}(x)$ は $f(x)$ の k 階導関数を表し，$R_{n+1}(x)$ は展開を n 次の項で打ち切ったときの**剰余項** (remainder term) で

$$R_{n+1}(x) = \frac{f^{(n+1)}(a + \theta(x-a))}{(n+1)!}(x-a)^{n+1}, \quad 0 \le \theta \le 1 \tag{7.5}$$

で表される．とくに $a = 0$ のときには

$$f(x) = f(0) + f'(0)x + \frac{f''(0)}{2!}x^2 + \cdots + \frac{f^{(n)}(0)}{n!}x^n + R_{n+1}(x) \tag{7.6}$$

のように表され，**マクローリン展開** (Maclaurin expansion) と呼ぶ．

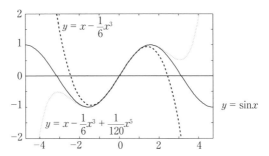

図 7.2　マクローリン展開による $\sin x$ の近似

$f(x) = \sin x$ として，$x = 0$ における高階導関数値を計算すると，

$$
\begin{aligned}
&f(0) = \sin 0 = 0, \quad f'(0) = \cos 0 = 1, \\
&f''(0) = -\sin 0 = 0, \quad f'''(0) = -\cos 0 = -1, \cdots
\end{aligned}
\tag{7.7}
$$

となり，これらを用いてマクローリン展開を $2n-1$ 次の項までで打ち切った式を求めると，

$$
p_{2n-1}(x) = x - \frac{1}{6}x^3 + \frac{1}{120}x^5 + \cdots + \frac{(-1)^{n-1}}{(2n-1)!}x^{2n-1}
\tag{7.8}
$$

となる．

　この $p_{2n-1}(x)$ によって $\sin x$ を近似することにする．多項式 $p_{2n-1}(x)$ の値の計算では，x^{2k-1} や $(2k-1)!$ の計算を効率的に行うためにマクローリン展開の隣り合う項の関係

$$
\frac{(-1)^k}{(2k+1)!}x^{2k+1} = \frac{(-1)^{k-1}}{(2k-1)!}x^{2k-1} \times \frac{-x^2}{(2k+1)(2k)}
\tag{7.9}
$$

を用いる．マクローリン展開を用いて $\sin x$ を近似するアルゴリズムを Algorithm 7.1 に示す．

　マクローリン展開による $\sin x$ の近似値の計算結果を表 7.1 に示す．計算した結果を p としたとき，その絶対誤差 $|p - \sin x|$ を示している．x を

Algorithm 7.1 $\sin x$ のマクローリン展開による近似

input: x, n

output: p

$p \leftarrow x$

$c \leftarrow p$

for $k = 1, 2, \ldots, n - 1$ **do**

$c \leftarrow c \times \dfrac{-x^2}{(2k+1)(2k)}$

$p \leftarrow p + c$

end for

表 7.1 マクローリン展開によって求めた $\sin x$ の誤差

x	$n = 3$	$n = 5$	$n = 10$	$n = 100$
$\pi/4$	3.1×10^{-7}	6.9×10^{-12}	0.0	0.0
$\pi/2$	1.6×10^{-4}	5.6×10^{-8}	0.0	2.2×10^{-16}
π	7.5×10^{-2}	4.5×10^{-4}	5.3×10^{-10}	1.3×10^{-16}
2π	3.0×10^{1}	3.2×10^{0}	1.0×10^{-3}	6.8×10^{-16}
5π	3.9×10^{4}	2.4×10^{5}	1.7×10^{5}	3.3×10^{-11}
10π	5.7×10^{6}	6.6×10^{8}	1.7×10^{11}	1.6×10^{-5}
20π	7.6×10^{8}	1.5×10^{12}	1.1×10^{17}	4.9×10^{8}

$\pi/4$ から 20π まで変えて，マクローリン展開の次数 $2n+1$ において n を変えて計算している．

表から分かるように，x が小さいときにはマクローリン展開の次数が低くてもよい精度が得られている．x が大きくなるとより大きな n が必要となるが，x が 2π を越えるとマクローリン展開の次数を高くしても精度が得られていない．このとき，さらに次数を上げても精度の改善はほ

とんどない．x が大きいとき，誤差が 1 を越えている．これは計算した結果の絶対値が 1 を越えていることを意味している．このような大きな値が現れるのは，x の値が大きいときにはマクローリン展開の和が途中でいったん非常に大きくなった後，減少に向かうために，桁落ちが起きていることが原因である．

$x \geq 0$ としたとき，原点近傍では誤差が少ないことから，$\sin x$ の周期性を利用して，$x \geq 2\pi$ のときには

$$x' = x \bmod 2\pi \tag{7.10}$$

とすることで，$0 \leq x < 2\pi$ の範囲のみの計算にする．ここで，実数 a, b に対する演算 $r = a \bmod b$ は，

$$a = m \times b + r \tag{7.11}$$

において，$m \times b$ が a を越えない最大の整数となるように m を選び，$r = a - m \times b$ で得られる．床関数を用いると，

$$r = a - \lfloor a/b \rfloor \times b \tag{7.12}$$

と表される．

$\pi \leq x < 2\pi$ のときには，

$$\sin x = -\sin(x - \pi) \tag{7.13}$$

の関係を用いると，$0 \leq x < \pi$ の範囲の結果を用いて $\pi \leq x < 2\pi$ の値が得られる．また，$\pi/2 \leq x < \pi$ のとき，$\sin x = \sin(\pi - x)$ の関係を用いることで，$0 \leq x \leq \pi/2$ の範囲の計算のみとなる．

さらに，$\pi/4 \leq x \leq \pi/2$ のときには，

$$\sin x = \cos(\pi/2 - x) \tag{7.14}$$

の関係を用いることで，$\cos x$ のマクローリン展開も合わせて計算すれば，$0 \leq x \leq \pi/4$ のみの値を計算すればよいことになる．

e^x でも同様にマクローリン展開

$$e^x = 1 + x + \frac{x^2}{2!} + \cdots + \frac{x^n}{n!} + \frac{x^{n+1}}{(n+1)!} e^{\theta x}, \quad 0 < \theta < 1 \qquad (7.15)$$

を利用することで，展開を有限項で打ち切った多項式によって e^x の近似値を求めることができる．e^x は，$x < 0$ のときには値が小さいため，やはり桁落ちが起きる．$x \geq 0$ のときには値が大きく桁落ちがおきにくいことから，$e^x = 1/e^{-x}$ の関係を用いて $x < 0$ の値を計算するとよい．また，適当な整数 m と 1 未満の小数 r によって $x = m + r$ と表されるとき，

$$e^x = e^{m+r} = e^m e^r \qquad (7.16)$$

である．この e^r のみを計算するときには，r が 1 未満であることからマクローリン展開の展開項数が少なくなる．

テイラー展開やマクローリン展開では，一般に展開する点から離れるに従って近似の精度が低くなる．これに対して，区間 $[a, b]$ が与えられたとき，その区間内で関数と近似関数との誤差を最小にする近似を**最良近似** (best approximation) と呼ぶ．実際の関数の計算では，このような精度の高い多項式の近似式が用いられる．

7.2 多項式補間

関数 $f(x)$ に対して，xy 平面上で 2 点 $(x_0, f(x_0))$, $(x_1, f(x_1))$ が与えられたとき，この 2 点を通る直線を求めることができる．3 点 $(x_0, f(x_0))$, $(x_1, f(x_1))$, $(x_2, f(x_2))$ が与えられたときには，この 3 点を通る 2 次式を求めることができる．一般に，相異なる $x_0, x_1, \ldots, x_n$ とそこでの関数

値 $f(x_0), f(x_1), \ldots, f(x_n)$ が与えられたときに，これらの点 $(x_i, f(x_i))$,
$i = 0, 1, \ldots, n$ を通る高々 n 次の多項式 $P_n(x)$ を求めることを考える．

多項式 $P_n(x)$ が

$$P_n(x_i) = f(x_i), \quad i = 0, 1, \ldots, n \tag{7.17}$$

を満たすとき，$P_n(x)$ を $f(x)$ の**補間多項式** (interpolating polynomial)
といい，$x_0, x_1, \ldots, x_n$ を**補間点** (interpolation point) という．また，式
(7.17) を**補間条件** (interpolation condition) という．

多項式を

$$P_n(x) = a_0 + a_1 x + \cdots + a_n x^n \tag{7.18}$$

と表したとき，補間条件 (7.17) は

$$\begin{cases} P_n(x_0) = a_0 + a_1 x_0 + \cdots + a_n x_0^n = f(x_0) \\ P_n(x_1) = a_0 + a_1 x_1 + \cdots + a_n x_1^n = f(x_1) \\ \quad \vdots \\ P_n(x_n) = a_0 + a_1 x_n + \cdots + a_n x_n^n = f(x_n) \end{cases} \tag{7.19}$$

と表せ，$a_0, a_1, \ldots, a_n$ を未知数とする連立一次方程式である．これは行
列とベクトルによって

$$\begin{bmatrix} 1 & x_0 & x_0^2 & \cdots & x_0^n \\ 1 & x_1 & x_1^2 & \cdots & x_1^n \\ \vdots & \vdots & \vdots & & \vdots \\ 1 & x_n & x_n^2 & \cdots & x_n^n \end{bmatrix} \begin{bmatrix} a_0 \\ a_1 \\ \vdots \\ a_n \end{bmatrix} = \begin{bmatrix} f(x_0) \\ f(x_1) \\ \vdots \\ f(x_n) \end{bmatrix} \tag{7.20}$$

と表すことができる．この係数行列は**ファン・デル・モンド行列** (Van-
dermonde matrix) と呼ばれ，$x_i, i = 0, 1, \ldots, n$ がすべて異なるときには
正則である．このとき補間多項式は一意に定まる．

7.3 ラグランジュ補間とニュートン補間

補間点が 2 点のとき，この 2 点を通る 1 次式は

$$P_1(x) = f(x_0) + (x - x_0)\frac{f(x_1) - f(x_0)}{x_1 - x_0} \tag{7.21}$$

と表せる．この式を変形して

$$P_1(x) = f(x_0)\frac{x - x_1}{x_0 - x_1} + f(x_1)\frac{x - x_0}{x_1 - x_0} \tag{7.22}$$

とする．ここで

$$\varphi_{1,0}(x) = \frac{x - x_1}{x_0 - x_1}, \quad \varphi_{1,1}(x) = \frac{x - x_0}{x_1 - x_0} \tag{7.23}$$

とおくと

$$P_1(x) = f(x_0)\varphi_{1,0}(x) + f(x_1)\varphi_{1,1}(x) \tag{7.24}$$

と表せる．式 (7.23) と式 (7.24) を 2 次以上の場合に拡張する．

n 次の多項式 $\varphi_{n,k}(x),\, k = 0, 1, \ldots, n$ は

$$\varphi_{n,k}(x) = \begin{cases} 0, & x = x_j, j \neq k \\ 1, & x = x_k \end{cases} \tag{7.25}$$

を満たすとする．$P_n(x)$ を

$$P_n(x) = \sum_{k=0}^{n} f(x_k)\varphi_{n,k}(x) \tag{7.26}$$

とおくと，式 (7.25) より

$$P_n(x_i) = f(x_i), \qquad i = 0, 1, \ldots, n \tag{7.27}$$

となる．これより $P_n(x)$ は補間条件 (7.17) を満たすことが分かる．

多項式

$$\varphi_{n,k}(x) = \prod_{i=0, i \neq k}^{n} \frac{x - x_i}{x_k - x_i} \tag{7.28}$$

は式 (7.25) を満たし，ラグランジュの**補間係数関数** (Lagrange coefficient polynomial) と呼ばれる．この関数を用いて補間を求める方法を**ラグランジュ補間** (Lagrange interpolation) という．ここで

$$\omega_n(x) = \prod_{k=0}^{n} (x - x_k) \tag{7.29}$$

とおくと

$$\varphi_{n,k}(x) = \frac{\omega_n(x)}{(x - x_k)\,\omega_n'(x_k)} \tag{7.30}$$

と表せる．

関数 $f(x)$ が区間 $[a, b]$ で $n + 1$ 階微分可能で，すべての補間点がこの区間に含まれるとする．このとき，$x \in [a, b]$ に対して

$$f(x) = P_n(x) + \frac{f^{(n+1)}(\xi)}{(n+1)!}\,\omega_n(x) \tag{7.31}$$

となる点 ξ が区間 (a, b) に存在する．

関数 $f(x) = \dfrac{1}{25x^2 + 1}$ を区間 $[-1, 1]$ において等間隔な点で補間すると，補間多項式は図 7.3 で示すように，区間の端の方で大きく値が変動する．これは**ルンゲの現象** (Runge's phenomenon) として知られている．この場合，より多くの補間点を等間隔で配置すると，補間関数の値の変動はさらに大きくなり，補間点数を増やすことはこの解決にはならない．このとき，補間点を区間の端の方は間隔が狭く，中心付近は間隔が大きくなるように配置すると，この大きな変動を押さえることができる．どのような配置がよいかは対象とする関数に依存する．補間点数を増やす

112

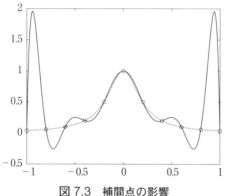

図 7.3　補間点の影響

ことで精度が悪化する現象は，機械学習における**過学習** (overfitting) とも関係している．

　ラグランジュ補間では，補間点を新たに追加すると補間係数関数をすべて求め直す必要がある．これに対して補間点を 1 点ずつ追加して補間多項式を求める方法を示す．

　多項式 $\omega_k(x)$ に関して展開した多項式

$$F_n(x) = \sum_{k=0}^{n} c_k\, \omega_{k-1}(x) \tag{7.32}$$

について考える．ここで $\omega_{-1}(x) = 1$ とする．

　c_0 は，$F_n(x)$ が x_0 で関数 $f(x)$ に一致するように，$c_0 = F_n(x_0) = f(x_0)$ によって決める．同様に x_1 について考えると

$$f(x_0) + c_1(x_1 - x_0) = F_n(x_1) = f(x_1) \tag{7.33}$$

となるために

$$c_1 = \frac{f(x_1) - f(x_0)}{x_1 - x_0} \tag{7.34}$$

が導かれる.

このような係数 $c_i, i = 0, 1, \ldots, n$ を求めるために，次に示すような**差分商** (divided difference) を用いる.

$$f[x_k] = f(x_k),$$
$$f[x_{k-1}, x_k] = \frac{f[x_k] - f[x_{k-1}]}{x_k - x_{k-1}},$$
$$f[x_{k-2}, x_{k-1}, x_k] = \frac{f[x_{k-1}, x_k] - f[x_{k-2}, x_{k-1}]}{x_k - x_{k-2}}, \qquad (7.35)$$
$$\vdots$$
$$f[x_{k-j}, \ldots, x_k] = \frac{f[x_{k-j+1}, \ldots, x_k] - f[x_{k-j}, \ldots, x_{k-1}]}{x_k - x_{k-j}}.$$

この関係を使って，表 7.2 のように順に計算することで差分商が得られる. $f[x_0, x_1, \ldots, x_k]$ は k **階差分商**と呼ばれ，

$$F_n(x) = f[x_0] + f[x_0, x_1]\, \omega_0(x) + \ldots + f[x_0, x_1, \cdots, x_n]\, \omega_{n-1}(x) \quad (7.36)$$

とおくと，この $F_n(x)$ は補間条件を満たすことが知られている. このようにして補間多項式を求める方法は**ニュートン補間** (Newton interpolation) と呼ばれている. $F_n(x)$ と $F_{n-1}(x)$ は

$$F_n(x) = F_{n-1}(x) + f[x_0, x_1, \ldots, x_n]\, \omega_{n-1}(x) \qquad (7.37)$$

表 7.2　差分商の計算

$f[x_0]$	$f[x_0, x_1]$	$f[x_0, x_1, x_2]$	$f[x_0, x_1, x_2, x_3]$	$f[x_0, x_1, x_2, x_3, x_4]$
$f[x_1]$	$f[x_1, x_2]$	$f[x_1, x_2, x_3]$	$f[x_1, x_2, x_3, x_4]$	
$f[x_2]$	$f[x_2, x_3]$	$f[x_2, x_3, x_4]$		
$f[x_3]$	$f[x_3, x_4]$			
$f[x_4]$				

の関係があり，$F_n(x)$ を求めるときには $F_{n-1}(x)$ が利用できる．

式

$$F_n(x_n) = f(x_n) = F_{n-1}(x_n) + f[x_0, x_1, \cdots, x_n]\omega_{n-1}(x_n) \quad (7.38)$$

において，補間多項式の一意性から $F_{n-1}(x)$ をラグランジュ補間多項式
で置き換えると

$$f(x_n) = \sum_{k=0}^{n-1} f(x_k)\frac{\omega_{n-1}(x_n)}{(x_n - x_k)\omega'_{n-1}(x_k)} + f[x_0, x_1, \cdots, x_n]\omega_{n-1}(x_n)$$
$$(7.39)$$

となる．これより式を整理すると

$$f[x_0, x_1, \cdots, x_n] = \sum_{k=0}^{n} \frac{f(x_k)}{\omega'_n(x_k)} \quad (7.40)$$

を得る．

7.4 有理関数近似

関数

$$f(x) = \sqrt{\frac{1 + \dfrac{x}{2}}{1 + 2x}} = 1 - \frac{3}{4}x + \frac{39}{32}x^2 - \frac{267}{128}x^3 + \frac{7563}{2048}x^4 - \cdots \quad (7.41)$$

に対して，このマクローリン展開を n 次で打ち切った多項式を $P_n(x)$ と
する．n を $1, 2, 3, 4$ と変えたときの $P_n(x)$ のグラフは図 7.4 のようにな
る．図から分かるように多項式の次数を高くしても $x = 0.4$ あたりから
$f(x)$ とは離れてしまい，うまく近似できていない．

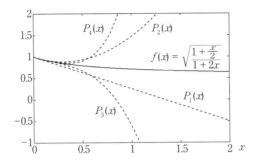

図 7.4 $\sqrt{\dfrac{1+\frac{x}{2}}{1+2x}}$ のマクローリン展開による近似

このような関数に対して，有理関数によって近似する方法について説明する．関数 $f(x)$ は

$$f(x) = c_0 + c_1 x + c_2 x^2 + \cdots \tag{7.42}$$

と級数展開されているものとする．分子が m 次，分母が n 次の有理式を

$$\frac{P(x)}{Q(x)} = \frac{a_0 + a_1 x + \cdots + a_m x^m}{b_0 + b_1 x + \cdots + b_n x^n} \tag{7.43}$$

とする．分子と分母に同じ定数をかけても有理式 $P(x)/Q(x)$ は同じとなるため，定数倍の任意性がある．そこで係数の 1 つを正規化する．ここでは $b_0 = 1$ とする．有理式 $P(x)/Q(x)$ について，

$$Q(x)f(x) - P(x) = O(x^{m+n+1}) \tag{7.44}$$

をみたし，$P(x)$ と $Q(x)$ が互いに共通因子を持たないとき，$P(x)/Q(x)$ を $f(x)$ の**パデ近似** (Padé approximation) という．ここで記号 $O(x^{m+n+1})$ は x の $m+n+1$ 次以上の項のみであることを表す．

116

たとえば，指数関数 e^x に対して，分子と分母がどちらも 3 次のパデ近似は

$$e^x = \frac{1 + \dfrac{x}{2} + \dfrac{x^2}{10} + \dfrac{x^3}{120}}{1 - \dfrac{x}{2} + \dfrac{x^2}{10} - \dfrac{x^3}{120}} \tag{7.45}$$

となる.

先ほどの関数

$$f(x) = \sqrt{\frac{1 + \dfrac{x}{2}}{1 + 2x}} \tag{7.46}$$

に対して，分子が 1 次，分母が 2 次の有理式

$$\frac{P(x)}{Q(x)} = \frac{a_0 + a_1 x}{1 + b_1 x + b_2 x^2} \tag{7.47}$$

がパデ近似となるように係数を決めてみよう.

$Q(x)f(x)$ は

$$Q(x)f(x) = c_0 + (c_1 + b_1 c_0)x + (c_2 + b_1 c_1 + b_2 c_0)x^2 + \cdots \tag{7.48}$$

となるので，これを

$$Q(x)f(x) = c_0' + c_1' x + c_2' x^2 + \cdots \tag{7.49}$$

とおく. このとき

$$P(x) = c_0' + c_1' x \tag{7.50}$$

とおき，さらに c_2', c_3' が 0 になるように $Q(x)$ を決めると，

$$Q(x)f(x) - P(x) = c_4' x^4 + c_5' x^5 + \cdots \tag{7.51}$$

となる.

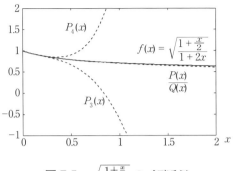

図 7.5　$\sqrt{\dfrac{1+\frac{x}{2}}{1+2x}}$ のパデ近似

このとき $c_2' = 0$, $c_3' = 0$ より，

$$\begin{cases} c_2 + b_1 c_1 + b_2 c_0 = 0 \\ c_3 + b_1 c_2 + b_2 c_1 = 0 \end{cases} \tag{7.52}$$

であるので，$Q(x)$ の係数 b_1, b_2 は連立一次方程式

$$\begin{bmatrix} c_0 & c_1 \\ c_1 & c_2 \end{bmatrix} \begin{bmatrix} b_2 \\ b_1 \end{bmatrix} = - \begin{bmatrix} c_2 \\ c_3 \end{bmatrix} \tag{7.53}$$

の解となる．この係数行列は，同じ要素が右上から左下に向かって並んでおり，このような行列は**ハンケル行列** (Hankel matrix) と呼ぶ．これに関係して，左上から右下方向に同じ値の要素が並ぶ行列は**テプリッツ行列** (Toeplitz matrix) と呼ばれる．

ここで $c_0 = 1, c_1 = -3/4, \ldots$ を代入すると，

$$\begin{bmatrix} 1 & -\dfrac{3}{4} \\ -\dfrac{3}{4} & \dfrac{39}{32} \end{bmatrix} \begin{bmatrix} b_2 \\ b_1 \end{bmatrix} = - \begin{bmatrix} \dfrac{39}{32} \\ -\dfrac{267}{128} \end{bmatrix} \tag{7.54}$$

となる．これを解いて b_1, b_2 を求めることで

$$Q(x) = 1 + \frac{25}{14}x + \frac{27}{224}x^2 \tag{7.55}$$

を得る．$Q(x)f(x)$ を計算すると

$$Q(x)f(x) = 1 + \frac{29}{28}x - \frac{25647}{7168}x^4 - \frac{7209}{28672}x^5 + \cdots. \tag{7.56}$$

これより，1次までの項から，$P(x) = 1 + \frac{29}{28}x$ となる．図 7.5 にこのパデ近似によって求めた関数 $P(x)/Q(x)$ を示す．図中では $f(x)$ とほとんど重なっている．この $f(x)$ は分母について $1 + 2x = 0$ となる x がマクローリン展開をしている点 $x = 0$ に近いため，狭い範囲でしか多項式の近似ができない．このようなときには有理式を用いた近似が有効となる．

データ c_0, c_1, c_2 が与えられたとき，これらの間に

$$\alpha_0 c_0 + \alpha_1 c_1 = c_2 \tag{7.57}$$

の関係があるものとする．ここで α_0, α_1 は適当な実数とする．さらに，

$$\alpha_0 c_k + \alpha_1 c_{k+1} = c_{k+2}, \quad k = 1, 2, \dots \tag{7.58}$$

のように，連続するデータ間に同様の関係があるものとする．このとき，α_0, α_1 は以下の連立一次方程式の解となる．

$$\begin{bmatrix} c_0 & c_1 \\ c_1 & c_2 \end{bmatrix} \begin{bmatrix} \alpha_0 \\ \alpha_1 \end{bmatrix} = \begin{bmatrix} c_2 \\ c_3 \end{bmatrix}. \tag{7.59}$$

このような関係は**線形予測** (linear prediction) と呼ばれ，音声処理や信号処理などにおいて現れる．この係数行列は，右上から左下方向に同じ要素が並んでおり，パデ近似を求めたときに現れた式 (7.53) と同じ要素の並び方をしていることが分かる．

演習問題 **7** ────────────────────────────

1. 半径 r の円に内接する正 5 角形の一辺の長さは $\ell = 2r\sin\frac{\pi}{5}$ で与えられる．$\sin x$ の 3 次までのマクローリン展開を用いて $r = 10$ のときの ℓ の近似値を求めよ．

2. 補間点が $x_0 = 0, x_1 = 1/2, x_2 = 1$ のとき，ラグランジュ補間係数関数を示せ．補間点における関数値が $f(x_0) = 1, f(x_1) = -1, f(x_2) = 1$ のとき，ラグランジュ補間を求めよ．

3. 補間点，および関数値は演習問題 7 の 2 と同様とする．このとき，差分商を用いてニュートン補間式を求めよ．

4. e^x のマクローリン展開を用いて，$x = 0$ における分子と分母がそれぞれ 1 次のパデ近似式を求めよ．

8 | 非線形方程式の解法

《**目標＆ポイント**》 非線形の関数では，変数の値が2倍になったときに，その関数の値は2倍になるとは限らない．非線形方程式の解は，一般には直接求める解の公式が存在しない．そのため，適当な近似解から始めて反復改良を行うことで解に近づけていく．このような反復法の基礎について説明する．

《**キーワード**》 代数方程式，反復法，不動点，ニュートン法

8.1 縮小写像と不動点

関数 $f(x)$ が目的とする値 c になるときの x を求める問題を考える．このとき，$f(x) - c$ をあらためて $f(x)$ とみなせば，このような問題は，方程式 $f(x) = 0$ を解く問題に帰着する．

関数が1次式 $f(x) = ax + b\ (a \neq 0)$ の場合にはグラフは直線となり，方程式 $f(x) = 0$ の解は $x = -b/a$ で得られる．このように変数について1次で表される関数は**線形** (linear) であるという．これに対して，関数が x の2次以上の項をもつ多項式の場合，あるいは指数関数や三角関数などを含む場合には関数のグラフは一般には曲線となる．このような関数は**非線形** (nonlinear) であるという．

$f(x)$ が2次多項式の場合には，$f(x) = 0$ となる x は解の公式を用いて求めることができる．3次方程式と4次方程式の解の公式はそれぞれ**カルダノ法** (Cardano's method)，**フェラーリ法** (Ferrari's method) と呼ばれ，16世紀に提案されている．ただし，第3章でも示したように，2次

方程式の解の公式であってもコンピュータを用いた計算ではそのまま使うわけにはいかず，3 次式や 4 次式の解の公式においても工夫が必要となる．そのため，公式をそのままプログラムにして計算することは勧められず，専用に作成されたプログラムを利用するか，本章で示すような反復法を用いた方がよい．

　5 次以上の代数方程式については一般的な解の公式は存在しない．ただし，これは代数的に計算できないことを意味しているだけで，n 次代数方程式は重複も含めて n 個の解をもつ．したがって，解の公式を用いることなく方程式を解くことが必要となる．また，$f(x)$ が指数関数や三角関数などの多項式以外の関数を含む場合も一般には解の公式は存在せず，高次の代数方程式と同様に反復による解法を用いることになる．多項式以外の関数を含む場合には，解の個数が有限個ではない場合もある．

　反復法では，まず適当な解の**近似値** (approximation) を与え，その近似値を用いて新しい近似解を求める．最初に与える近似解を**初期近似解** (initial approximation) という．得られた新しい近似解を用いて同様の計算を行い，さらに新しい近似解を得る．これを繰り返すことでよりよい解を求めていく．

　方程式 $f(x) = 0$ の 1 つの解を x^* とする．初期近似解を $x^{(0)}$ とし，反復によって x^* に近づいていくような近似解の列 $x^{(0)}, x^{(1)}, x^{(2)}, \ldots$ を求める．$x^{(k)}$ における残差 $|f(x^{(k)})|$ が十分に小さくなったとき，$x^{(k)}$ は解 x^* に十分に近づいたと判断して反復を停止する．

　$x^{(0)}$ から $x^{(1)}$ を求める計算を

$$x^{(1)} = \varphi(x^{(0)}) \tag{8.1}$$

と表す．この新しい近似解 $x^{(1)}$ を用いて同じ計算を行い，

$$x^{(2)} = \varphi(x^{(1)}) \tag{8.2}$$

によって次の近似解 $x^{(2)}$ を求める．この計算を繰り返すことで，近似解の列が得られる．この計算は以下のように表される．

$$x^{(k+1)} = \varphi(x^{(k)}), \quad k = 0, 1, \ldots \tag{8.3}$$

ある x において

$$x = \varphi(x) \tag{8.4}$$

となるとき，この x を $\varphi(x)$ の**不動点** (fixed point) という．ここで，反復の式が

$$\varphi(x) = x - f(x) \tag{8.5}$$

の場合を考える．x^* は方程式の解であることから，$f(x^*) = 0$ であり，

$$\varphi(x^*) = x^* - f(x^*) = x^* \tag{8.6}$$

より，x^* はこの $\varphi(x)$ の不動点である．

求めた次の近似解 $x^{(k+1)}$ と真の解 x^* との差は

$$x^{(k+1)} - x^* = \varphi(x^{(k)}) - x^* = \varphi(x^{(k)}) - \varphi(x^*) \tag{8.7}$$

と表される．ここで，$\varphi(x)$ の 1 階導関数 $\varphi'(x)$ は解 x^* の近傍で連続であるとする．このとき，平均値の定理から

$$\varphi(x^{(k)}) = \varphi(x^*) + \varphi'(\xi)(x^{(k)} - x^*) \tag{8.8}$$

となる ξ が $x^{(k)}$ と x^* の間にあり，式 (8.7), (8.8) より

$$x^{(k+1)} - x^* = \varphi'(\xi)(x^{(k)} - x^*) \tag{8.9}$$

となる．したがって，

$$|x^{(k+1)} - x^*| = |\varphi'(\xi)||x^{(k)} - x^*| \tag{8.10}$$

となり，$|\varphi'(\xi)| < 1$ ならば次の近似解と真の解との距離 $|x^{(k+1)} - x^*|$ は
小さくなる．そのため，条件 $|\varphi'(x)| < 1$ が成り立つような範囲内に近似
解があれば，反復によって近似解は常に真の解に近づいていく.

　図 8.1 に不動点の近傍での反復の様子を示す．この図では，$x^{(0)}$ を初
期近似解とし，$x^{(1)} = \varphi(x^{(0)})$ によって次の近似解がどこにくるのかを
示している.

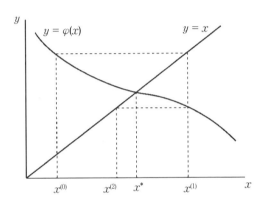

図 8.1　不動点近傍の反復の様子

　ある区間内の任意の x, y に対して $\varphi(x)$ が

$$|\varphi(x) - \varphi(y)| \le L|x - y| \tag{8.11}$$

を満たし，$0 \le L < 1$ であるとする．このとき，$\varphi(x)$ はその区間にお
いて**縮小写像** (contraction mapping) であるといい，L を縮小率という.
$\varphi(x)$ が縮小写像のとき，$\varphi(x)$ はその区間内に唯一の不動点をもつ．ま
た，区間内の任意の $x^{(0)}$ に対して $x^{(k)}$ は不動点 x^* に収束する.

x^* に収束する近似解の列 $x^{(0)}, x^{(1)}, \ldots$ に対して

$$\lim_{k \to \infty} \frac{|x^{(k+1)} - x^*|}{|x^{(k)} - x^*|} = c \qquad (8.12)$$

となる定数 c が存在して $0 < c < 1$ のとき，この数列は**線形収束** (linear convergence) であるといい，

$$\lim_{k \to \infty} \frac{|x^{(k+1)} - x^*|}{|x^{(k)} - x^*|^p} = c \qquad (8.13)$$

のとき p **次収束** (convergence of degree p) であるという．このとき

$$|x^{(k+1)} - x^*| = O(|x^{(k)} - x^*|^p) \qquad (8.14)$$

と表す．

例として，$f(x) = x - \cos x$ の解を式 (8.5) で求める．反復の式は

$$\varphi(x) = x - f(x) = \cos x \qquad (8.15)$$

である．このとき $|\varphi'(x)| = |\sin x|$ である．初期値を $x^{(0)} = 0.2$ とし，反復回数 k，近似解 $x^{(k)}$，近似解の相対誤差 $|x^{(k)} - x^*|/|x^*|$，残差 $|f(x^{(k)})|$ を表 8.1 に示す．近似解 $x^{(k)}$ は真の解 $x^* = 0.7390851\cdots$ にほぼ一定の割合で近づいていき，これは線形収束である．$\sin x^* \approx 0.67$ であるので，解の近くでは 1 回の反復で誤差は 0.67 倍程度になる．

反復の式を

$$\varphi(x) = x - g(x)f(x) \qquad (8.16)$$

とおき，$g(x)$ を適当に選んで p が 1 よりも大きくなるようにすることを考える．次節で示すニュートン法は $g(x) = 1/f'(x)$ とする方法で，x^* が重複していなければ $p = 2$ となる．

表 8.1　反復法の計算結果

反復回数	近似解	相対誤差	残差
0	0.200000000000000	7.3×10^{-1}	7.8×10^{-1}
1	0.980066577841242	3.3×10^{-1}	4.2×10^{-1}
2	0.556967252809642	2.4×10^{-1}	2.9×10^{-1}
3	0.848862165658271	1.5×10^{-1}	1.9×10^{-1}
4	0.660837551116615	1.1×10^{-1}	1.3×10^{-1}
5	0.789478437766868	6.8×10^{-2}	8.5×10^{-2}
$\vdots$	$\vdots$	$\vdots$	$\vdots$
27	0.739093716748842	1.2×10^{-5}	1.4×10^{-5}
28	0.739079351216393	7.8×10^{-6}	9.7×10^{-6}
29	0.739089028026729	5.3×10^{-6}	6.5×10^{-6}
30	0.739082509617631	3.6×10^{-6}	4.4×10^{-6}

8.2　ニュートン法

　ここで**ニュートン法** (Newton's method) について説明する．式 (8.16)
で与えられた $\varphi(x)$ を微分すると

$$\varphi'(x) = 1 - g'(x)f(x) - g(x)f'(x) \tag{8.17}$$

となる．$f(x)$ の解 x^* において $\varphi'(x^*) = 0$ となるような $g(x)$ を求める．
$f(x^*) = 0$ であることから

$$\varphi'(x^*) = 1 - g'(x^*)f(x^*) - g(x^*)f'(x^*) = 1 - g(x^*)f'(x^*) \tag{8.18}$$

であり，これが 0 となるのは

$$g(x) = 1/f'(x) \tag{8.19}$$

である．このとき，反復の式は

$$x^{(k+1)} = x^{(k)} - \frac{f(x^{(k)})}{f'(x^{(k)})}, \quad k = 0, 1, 2, \ldots \tag{8.20}$$

となる．この反復式を用いるのがニュートン法である．$f'(x^*) \neq 0$ のとき，ニュートン法は式 (8.14) において $p = 2$ となり，2 次収束となることが知られている．

　ニュートン法は関数 $f(x)$ を近似解において 1 次式で近似し，その近似した 1 次式の零点をもとの関数 $f(x)$ の零点の近似値として用いているとみなせる．$f(x)$ を $x^{(k)}$ においてテイラー展開すると

$$f(x) = f(x^{(k)}) + f'(x^{(k)})(x - x^{(k)}) + \cdots \tag{8.21}$$

となる．この展開の 1 次の項までの多項式を $\hat{f}(x)$ とする．このとき

$$f(x) \approx \hat{f}(x) = f(x^{(k)}) + f'(x^{(k)})(x - x^{(k)}) \tag{8.22}$$

である．この 1 次式を用いて $\hat{f}(x) = 0$ となる x を求め，それを新しい近似解 $x^{(k+1)}$ とすると，式 (8.20) が得られる．

　ニュートン法のアルゴリズムを Algorithm 8.1 に示す．残差が適当な値 ε 以下になったときに反復を終了する．初期値によっては収束しない場合もあるため，最大反復回数を k_{max} で与えている．

　関数 $f(x) = x - \cos x$ について，初期値を $x = 0.25$ として，ニュートン法の計算結果を表 8.2 に示す．$k = 2$ 以降では $x^{(k)}$ の誤差は $x^{(k-1)}$ の誤差の 2 乗にほぼ比例して小さくなっており，2 次収束していることが分かる．

　1 次式の代わりに 2 次式を用いて，2 次方程式

$$f(x^{(k)}) + f'(x^{(k)})(x - x^{(k)}) + \frac{f''(x^{(k)})}{2!}(x - x^{(k)})^2 = 0 \tag{8.23}$$

Algorithm 8.1 ニュートン法

input: $f(x)$, $f'(x)$, $x^{(0)}$, ε, k_{max}

output: $x^{(k)}$

for $k = 1, 2, \ldots, k_{max}$ **do**

  $f_0 \leftarrow f(x^{(k-1)})$

  if $|f_0| \leq \varepsilon$ **then**

    break

  end if

  $f_1 \leftarrow f'(x^{(k-1)})$

  $x^{(k)} \leftarrow x^{(k-1)} - f_0/f_1$

end for

表 8.2　反復法の計算結果 (ニュートン法)

反復回数	近似解	絶対誤差	残差
0	0.250000000000000	4.9×10^{-1}	7.2×10^{-1}
1	0.826326871802045	8.7×10^{-2}	1.5×10^{-1}
2	0.740616901018490	1.5×10^{-3}	2.6×10^{-3}
3	0.739085650461512	5.2×10^{-7}	8.7×10^{-6}
4	0.739085133215220	5.9×10^{-14}	9.9×10^{-14}

の解を近似解として利用する方法も考えられる. 2 次式の 2 つの解のうち, $x^{(k)}$ に近い方を新しい近似解として反復を繰り返すと**オイラー法** (Euler's method) が得られる.

2 点 $(x^{(k-1)}, f(x^{(k-1)}))$, $(x^{(k)}, f(x^{(k)}))$ を通る 1 次式は

$$\hat{f}(x) = \frac{f(x^{(k)}) - f(x^{(k-1)})}{x^{(k)} - x^{(k-1)}}(x - x^{(k)}) + f(x^{(k)}) \tag{8.24}$$

128

となる．この1次式の零点を次の近似解にすると，反復の式は

$$x^{(k+1)} = x^{(k)} - \frac{f(x^{(k)})(x^{(k)} - x^{(k-1)})}{f(x^{(k)}) - f(x^{(k-1)})} \tag{8.25}$$

となる．これは**割線法** (secant method) と呼ばれ，$f(x)$ の導関数を必要としない．ここで，反復ごとに $f(x^{(k-1)})$ と $f(x^{(k)})$ を用いるが，$f(x^{(k-1)})$ はすでに求めているため，あらためて計算する必要はない．割線法の単純零点に対する収束次数は $x^2 - x - 1 = 0$ の正の解となり，$p = (1+\sqrt{5})/2 \approx 1.6180$ である．

Algorithm 8.2 割線法

input: $f(x)$, $x^{(0)}$, $x^{(1)}$, ε, k_{max}

output: $x^{(k)}$

$f_0 \leftarrow f(x^{(0)})$

for $k = 2, 3, \ldots, k_{max}$ **do**

  $f_1 \leftarrow f(x^{(k-1)})$

  if $|f_1| \leq \varepsilon$ **then**

    break

  end if

  $x^{(k)} \leftarrow x^{(k-1)} - \dfrac{f_1 \times (x^{(k-1)} - x^{(k-2)})}{f_1 - f_0}$

  $f_0 \leftarrow f_1$

end for

$x^{(k)}$ において分子が1次，分母が1次の有理式

$$\frac{x - \alpha}{\beta_1 x + \beta_0} \tag{8.26}$$

によって $f(x)$ を近似する．この有理式と $f(x)$ の2次のテイラー展開係数までが一致するように係数を決めると，これはパデ近似となる．得ら

れた有理式の分子の零点 α を新しい近似解とすると次のような**ハレー法** (Halley's method) の反復公式が得られる.

$$x^{(k+1)} = x^{(k)} - \frac{f(x^{(k)})}{f'(x^{(k)}) - \dfrac{f(x^{(k)})f''(x^{(k)})}{2f'(x^{(k)})}}, \quad k = 0, 1, \ldots . \quad (8.27)$$

反復によって近似解を求めるとき,残差 $|f(x)|$ が十分に小さくなったかどうかを判定して反復を停止する.しかし,関数や求める解によってどれくらいまで小さくなるかが異なるため,反復の停止の条件には注意が必要である.$f(x)$ を

$$\begin{aligned} f(x) &= (x-1)(x-2)\cdots(x-19)(x-20) \\ &= x^{20} - 210x^{19} + 20615x^{18} + \cdots \end{aligned} \quad (8.28)$$

とする.この多項式は $x = 1, 2, \ldots, 20$ で $f(x) = 0$ となる.初期値を $x^{(0)} = 1.1$ としてニュートン法を適用した結果を表 8.3 に示す.表より,収束の速さは 2 次収束になっており,6 回の反復で近似解の誤差は 10^{-15}

表 8.3 **ニュートン法の計算結果** ($x^{(0)} = 1.1$)

反復回数	近似解	相対誤差	残差
0	1.100000000000000	1.0×10^{-1}	8.5×10^{15}
1	0.940756453365661	5.9×10^{-2}	8.9×10^{15}
2	0.989928392036898	1.0×10^{-2}	1.3×10^{15}
3	0.999654048651078	3.5×10^{-4}	4.2×10^{13}
4	0.999999575984530	4.2×10^{-7}	5.2×10^{10}
5	0.999999999999359	6.4×10^{-13}	7.7×10^{4}
6	0.999999999999995	5.2×10^{-15}	1.5×10^{3}
7	1.000000000000007	7.3×10^{-15}	1.5×10^{3}

表 8.4　ニュートン法の計算結果 ($x^{(0)} = 15.1$)

反復回数	近似解	相対誤差	残差
0	15.100000000000000	6.7×10^{-3}	1.2×10^{12}
1	15.002946525696121	2.0×10^{-4}	7.9×10^{10}
2	14.995419426914436	3.1×10^{-4}	1.3×10^{10}
3	14.994211821688584	3.9×10^{-4}	3.5×10^{10}
4	14.997587974152122	1.6×10^{-4}	6.3×10^{10}

近くまで小さくなっていることが分かる．しかし，このときの残差の大きさは 10^3 程度となっている．次に，$x^* = 15$ とし，初期値を $x^{(0)} = 15.1$ として計算した結果を表 8.4 に示す．近似解は 4 桁程度しか合っていない．このとき残差の大きさは 10^{10} 以上となっている．

　多項式の零点近傍での計算では，0 に近い値を求めようとしているために桁落ちが起こる．とくにいま示した例では計算途中で非常に大きな値が現れるために，有効桁が失われて結果がこれ以上小さくならない．そこで計算の途中でどの程度大きな値が現れるかを推定して，桁落ちの大きさを推定する．多項式の値の計算途中で現れる最も大きな値と最後に得られる値の差が桁落ちの桁数と考えられる．桁落ちが起きないのはすべての係数および x が正のときであるため，

$$\tilde{f}(x) = |a_n||x|^n + |a_{n-1}||x|^{n-1} + \cdots + |a_0| \tag{8.29}$$

とし，$\tilde{f}(x)$ を $f(x)$ の値を計算するときに途中で現れる値の上限とみなす．この値にマシンイプシロン ε_M をかけた値はそれ以上小さな値は桁落ちですべての有効桁が失われている可能性があることを示している．そこで

$$|f(x^{(k)})| \le \varepsilon_M \tilde{f}(x) \tag{8.30}$$

となったとき，これ以上反復をしても精度の改善はできないものと判断し，反復を停止する．この値を求めてみると，式 (8.28) の多項式で $x^* = 1$ のとき 1.1×10^4，$x^* = 15$ のとき 1.7×10^{12} となる．

　ニュートン法などの反復法では初期値の与え方が問題となる．反復によって得られる解はかならずしも初期値にもっとも近い解とはかぎらない．$f'(x^{(k)})$ が 0 に近いときには近似する直線の傾きが小さくなり，その結果ニュートン法の次の近似解が離れてしまうことがある．初期値によっては反復を繰り返しても解が得られない場合や，初期値の近くの解ではなく，遠く離れた解が得られるなどが起こることがあるので注意が必要である．

8.3　多変数代数方程式

　2 変数 x, y の関数
$$\begin{cases} u = f_1(x, y) \\ v = f_2(x, y) \end{cases} \tag{8.31}$$
について，f_1 と f_2 が同時に 0 になる (x, y) の組を求めることを考える．これは xy 平面上での 2 つの曲線の交点を求めることに対応する．

　解に近い点 $(x^{(0)}, y^{(0)})$ が与えられたとする．このとき点 $(x^{(0)}, y^{(0)})$ におけるテイラー展開を求める．(x, y) は $(x^{(0)}, y^{(0)})$ に十分に近いものとして $(x - x^{(0)})^2$ や $(y - y^{(0)})^2$ などの項を省略すると

$$u \approx f_1(x^{(0)}, y^{(0)}) + \frac{\partial}{\partial x} f_1(x^{(0)}, y^{(0)})(x - x^{(0)}) + \frac{\partial}{\partial y} f_1(x^{(0)}, y^{(0)})(y - y^{(0)})$$

$$v \approx f_2(x^{(0)}, y^{(0)}) + \frac{\partial}{\partial x} f_2(x^{(0)}, y^{(0)})(x - x^{(0)}) + \frac{\partial}{\partial y} f_2(x^{(0)}, y^{(0)})(y - y^{(0)}) \tag{8.32}$$

となる．これは行列とベクトルを用いて

$$
\left[\begin{array}{c} u \\ v \end{array}\right] \approx \left[\begin{array}{c} f_1(x^{(0)},y^{(0)}) \\ f_2(x^{(0)},y^{(0)}) \end{array}\right]
$$
$$
+ \left[\begin{array}{cc} \dfrac{\partial}{\partial x}f_1(x^{(0)},y^{(0)}) & \dfrac{\partial}{\partial y}f_1(x^{(0)},y^{(0)}) \\ \dfrac{\partial}{\partial x}f_2(x^{(0)},y^{(0)}) & \dfrac{\partial}{\partial y}f_2(x^{(0)},y^{(0)}) \end{array}\right] \left[\begin{array}{c} x-x^{(0)} \\ y-y^{(0)} \end{array}\right] \tag{8.33}
$$

と表せる．ここでヤコビ行列 J を

$$
J(x^{(0)},y^{(0)}) = \left[\begin{array}{cc} \dfrac{\partial}{\partial x}f_1(x^{(0)},y^{(0)}) & \dfrac{\partial}{\partial y}f_1(x^{(0)},y^{(0)}) \\ \dfrac{\partial}{\partial x}f_2(x^{(0)},y^{(0)}) & \dfrac{\partial}{\partial y}f_2(x^{(0)},y^{(0)}) \end{array}\right] \tag{8.34}
$$

とおく．$J(x^{(0)},y^{(0)})$ が正則のとき，式 (8.33) の右辺が $\mathbf{0}$ となるのは

$$
\left[\begin{array}{c} \Delta x \\ \Delta y \end{array}\right] = \left[\begin{array}{c} x-x^{(0)} \\ y-y^{(0)} \end{array}\right] = -J^{-1}(x^{(0)},y^{(0)}) \left[\begin{array}{c} f_1(x^{(0)},y^{(0)}) \\ f_2(x^{(0)},y^{(0)}) \end{array}\right] \tag{8.35}
$$

である．このような点 (x,y) を新しい近似解とすることで2変数のニュートン法が得られる．

関数を

$$
\begin{aligned} f_1(x,y) &= x^2+y^2-y \\ f_2(x,y) &= x^2-y-2x+1 \end{aligned} \tag{8.36}
$$

とする．ヤコビ行列は

$$
J(x,y) = \left[\begin{array}{cc} 2x & 2y-1 \\ 2x-2 & -1 \end{array}\right] \tag{8.37}
$$

となる．$(x^{(0)},y^{(0)})$ でのニュートン法の修正量 $(\Delta x, \Delta y)$ は連立一次方程式

$$
\left[\begin{array}{cc} 2x^{(0)} & 2y^{(0)}-1 \\ 2x^{(0)}-2 & -1 \end{array}\right] \left[\begin{array}{c} \Delta x \\ \Delta y \end{array}\right] = -\left[\begin{array}{c} f_1(x^{(0)},y^{(0)}) \\ f_2(x^{(0)},y^{(0)}) \end{array}\right] \tag{8.38}
$$

を解いて得られる. 初期値を $x^{(0)} = 0.1, y^{(0)} = 0.9$ としたとき,

$$\left[\begin{array}{c} \Delta x \\ \Delta y \end{array} \right] = \left[\begin{array}{c} -0.1225806 \\ 0.1306451 \end{array} \right] \tag{8.39}$$

となり, $x^{(1)} = -0.0225806, y^{(1)} = 1.030645$ を得る. ニュートン法を繰り返し適用することで, この方程式の解 $(x, y) = (0, 1)$ に近づく.

一般には n 変数を $x_1, x_2, \ldots, x_n$ としたとき, n 変数の非線形方程式は

$$\left\{ \begin{array}{l} f_1(x_1, x_2, \ldots, x_n) = 0, \\ f_2(x_1, x_2, \ldots, x_n) = 0, \\ \quad \vdots \\ f_n(x_1, x_2, \ldots, x_n) = 0 \end{array} \right. \tag{8.40}$$

と表される. ここで

$$\boldsymbol{x} = \left[\begin{array}{c} x_1 \\ x_2 \\ \vdots \\ x_n \end{array} \right], \quad \boldsymbol{f}(x_1, x_2, \ldots, x_n) = \left[\begin{array}{c} f_1(x_1, x_2, \ldots, x_n) \\ f_2(x_1, x_2, \ldots, x_n) \\ \vdots \\ f_n(x_1, x_2, \ldots, x_n) \end{array} \right] \tag{8.41}$$

とおいたとき, 方程式は

$$\boldsymbol{f}(\boldsymbol{x}) = \boldsymbol{0} \tag{8.42}$$

と表せる.

初期ベクトルを $\boldsymbol{x}^{(0)} = [x_1^{(0)}, x_2^{(0)}, \ldots, x_n^{(0)}]^{\mathrm{T}}$ としたとき n 変数のニュートン法は

$$\boldsymbol{x}^{(k+1)} = \boldsymbol{x}^{(k)} - J^{-1}(\boldsymbol{x}^{(k)}) \boldsymbol{f}(\boldsymbol{x}^{(k)}), \quad k = 0, 1, \ldots \tag{8.43}$$

と表される. $\boldsymbol{x}^{(k)}$ の修正量 $\boldsymbol{d}^{(k)} = \boldsymbol{x}^{(k+1)} - \boldsymbol{x}^{(k)}$ は, 係数行列 $A^{(k)} = -J(\boldsymbol{x}^{(k)})$, 右辺ベクトル $\boldsymbol{b}^{(k)} = \boldsymbol{f}(\boldsymbol{x}^{(k)})$ の連立一次方程式

$$A^{(k)}\boldsymbol{d}^{(k)} = \boldsymbol{b}^{(k)} \tag{8.44}$$

を解くことで得られる.

演習問題 **8** ————————————————————————

1. 関数 $f(x) = \dfrac{1}{x} - a$ に対するニュートン法の反復式は

$$x^{(k+1)} = x^{(k)}(2 - ax^{(k)}) \tag{8.45}$$

で与えられることを示せ．$a = 3$ とし，初期値を $x^{(0)} = 1/2$ として
1 回反復した近似解 $x^{(1)}$ を求めよ．また，$x^{(2)}, x^{(3)}$ を求めよ．

2. 関数 $f(x) = x^2 - a$ に対するニュートン法の反復式を示せ．$a = 2$ と
し，初期値を $x^{(0)} = 1$ として，$x^{(1)}, x^{(2)}, x^{(3)}$ を求めよ．真値 $\sqrt{2}$ と
比較し，近似解の誤差を確認せよ．

3. 2 変数 x, y について，$f(x, y) = x^2 + y^2 - 1$，$g(x, y) = x^2 - y$ とする．
xy 平面上にグラフを描き，曲線の交点の数を調べよ．ニュートン法
の反復式を示し，初期値を $x^{(0)} = 1/2, y^{(0)} = 1/2$ として，ニュート
ン法を 1 回反復して得られる近似解を求めよ．

9 | 行列の固有値問題

《**目標＆ポイント**》 固有値問題は，与えられた行列に対してある性質をもった特別なベクトルと値の組を求める問題である．人気のある Web ページの推定やナノレベルのシミュレーションなどは固有値問題に帰着する．固有値問題の考え方や基本的な解法について紹介する．

《**キーワード**》 固有値，固有ベクトル，相似変換，ベキ乗法，部分空間

9.1 行列の固有値と固有ベクトル

2 次の正方行列

$$A = \begin{bmatrix} 3 & 1 \\ 2 & 4 \end{bmatrix} \tag{9.1}$$

に対して，ベクトル

$$\boldsymbol{x} = \begin{bmatrix} 1 \\ 2 \end{bmatrix} \tag{9.2}$$

をかけると

$$A\boldsymbol{x} = \begin{bmatrix} 3 & 1 \\ 2 & 4 \end{bmatrix} \begin{bmatrix} 1 \\ 2 \end{bmatrix} = 5 \begin{bmatrix} 1 \\ 2 \end{bmatrix} \tag{9.3}$$

となり，ベクトルの方向は変わらず，長さが 5 倍になる．また，ベクトルを

$$\boldsymbol{x} = \begin{bmatrix} 1 \\ -1 \end{bmatrix} \tag{9.4}$$

としたとき，

$$Ax = \begin{bmatrix} 3 & 1 \\ 2 & 4 \end{bmatrix} \begin{bmatrix} 1 \\ -1 \end{bmatrix} = 2 \begin{bmatrix} 1 \\ -1 \end{bmatrix} \tag{9.5}$$

となり，結果は同じ方向で，長さが 2 倍となる．このように，行列をかけたときにその方向が変わらず長さが定数倍されるベクトルがある．

n 次正方行列 A に対して

$$Ax = \lambda x \tag{9.6}$$

を満たすスカラー λ と 0 でないベクトル x を求める問題を**固有値問題** (eigenvalue problem) という．このとき λ を A の**固有値** (eigenvalue)，x をそれに対応する**固有ベクトル** (eigenvector) と呼ぶ．

$Ax = \lambda x$ のとき，式 (9.6) から

$$(\lambda I - A)x = 0 \tag{9.7}$$

と表せるが，$x \neq 0$ であることからこの方程式が 0 でない解をもつのは $\lambda I - A$ が正則でないときである．λ の多項式

$$p(\lambda) = \det(\lambda I - A) \tag{9.8}$$

は**特性多項式** (characteristic polynomial) と呼ばれる．$\lambda I - A$ が正則でないことから，方程式 $p(\lambda) = 0$ となる λ が固有値となる．要素がすべて実数の行列であっても固有値は複素共役となる場合がある．

$p(\lambda)$ は λ に関する n 次の多項式で，n 次多項式は多重度も含めて n 個の零点をもつ．5 次以上の代数方程式に対する解の公式は存在しないため，一般には反復法によって解くことになる．ただし，実際にこのような代数方程式を解くことは n が大きくなると不安定になることが多く避けた方がよい．

モニックな n 次の多項式

$$f(x) = a_0 + a_1 x + \cdots + a_{n-1} x^{n-1} + x^n \tag{9.9}$$

に対して次のような行列

$$C_F = \begin{bmatrix} 0 & 0 & \cdots & \cdots & 0 & -a_0 \\ 1 & 0 & & \cdots & \vdots & -a_1 \\ 0 & 1 & 0 & & \vdots & -a_2 \\ \vdots & & \ddots & \ddots & \vdots & \vdots \\ 0 & \cdots & \cdots & 1 & 0 & -a_{n-2} \\ 0 & \cdots & 0 & 0 & 1 & -a_{n-1} \end{bmatrix} \tag{9.10}$$

は**フロベニウスのコンパニオン行列** (Frobenius companion matrix) と呼ばれる．この行列の固有値は多項式 $f(x)$ の零点と一致する．一部の数値計算ソフトウェアでは，多項式の零点を求めるためにこのコンパニオン行列を利用し，固有値問題を解くことで代数方程式 $f(x) = 0$ の解を求めている．

n 次の三重対角行列

$$A = \begin{bmatrix} a & c & & & \\ b & a & c & & \\ & \ddots & \ddots & \ddots & \\ & & b & a & c \\ & & & b & a \end{bmatrix} \tag{9.11}$$

の固有値 λ_j と固有ベクトル $\boldsymbol{x}_j$ は次式で与えられる．

$$\lambda_j = a + 2\sqrt{bc} \cos \frac{j\pi}{n+1},$$

$$\boldsymbol{x}_j = \left[\sin \frac{j\pi}{n+1}, \sqrt{\frac{b}{c}} \sin \frac{2j\pi}{n+1}, \cdots, \left(\sqrt{\frac{b}{c}} \right)^{n-1} \sin \frac{nj\pi}{n+1} \right]^{\mathrm{T}}. \qquad (9.12)$$

とくに $a = -2$, $b = c = 1$ のとき,

$$\lambda_j = -4 \sin^2 \frac{j\pi}{2(n+1)}, \quad j = 1, 2, \ldots, n \qquad (9.13)$$

である.

A が正則で $A\boldsymbol{x} = \lambda \boldsymbol{x}$ のとき,

$$A^{-1}\boldsymbol{x} = \frac{1}{\lambda}\boldsymbol{x} \qquad (9.14)$$

となり, A^{-1} の固有値は A の固有値の逆数になる. また, 適当な実数 σ に対して

$$(A - \sigma I)\boldsymbol{x} = (\lambda - \sigma)\boldsymbol{x} \qquad (9.15)$$

であることから, $A - \sigma I$ の固有値は $\lambda - \sigma$ となる.

n 個の固有ベクトルを列ベクトルとする行列を

$$X = [\boldsymbol{x}_1, \boldsymbol{x}_2, \ldots, \boldsymbol{x}_n] \qquad (9.16)$$

とおく. 固有値を対角要素とする行列を

$$\Lambda = \mathrm{diag}(\lambda_1, \lambda_2, \ldots, \lambda_n) \qquad (9.17)$$

とおくと,

$$AX = X\Lambda \qquad (9.18)$$

と表される. ここで, n 個の固有ベクトルは線形独立であると仮定する

と，X は正則となり，

$$A = X \Lambda X^{-1} \tag{9.19}$$

と表すことができる.

A が実対称行列のときには $A = A^{\mathrm{T}}$ であり，

$$A = X \Lambda X^{\mathrm{T}} \tag{9.20}$$

となる．ここで，$X X^{\mathrm{T}} = X^{\mathrm{T}} X = I$ である．実対称行列の固有値はすべて実数となる．さらに正定値の場合にはすべての固有値は正の実数となる.

A が複素エルミート行列のときには，$A = A^{\mathrm{H}}$ であり，

$$A = X \Lambda X^{\mathrm{H}} \tag{9.21}$$

となる．この場合も，固有値はすべて実数であり，また正定値なら正の実数のみとなる.

式 (9.19) において，X^{-1} を行列 Y によって

$$X^{-1} = Y^{\mathrm{H}} = \begin{bmatrix} \boldsymbol{y}_1^{\mathrm{H}} \\ \boldsymbol{y}_2^{\mathrm{H}} \\ \vdots \\ \boldsymbol{y}_n^{\mathrm{H}} \end{bmatrix} \tag{9.22}$$

と表す．ここで，Y^{H} は X の逆行列であることから，

$$X Y^{\mathrm{H}} = Y^{\mathrm{H}} X = I \tag{9.23}$$

である．また，$\boldsymbol{y}_i^{\mathrm{H}} \boldsymbol{x}_j = \delta_{ij}$ が成り立つ．このとき，行列 A は $\boldsymbol{x}_i$ と $\boldsymbol{y}_i$ を用いて

$$A = \sum_{i=1}^{n} \lambda_i \boldsymbol{x}_i \boldsymbol{y}_i^{\mathrm{H}} \tag{9.24}$$

と表すことができる．これを A の**スペクトル分解** (spectral decomposition) という．$P_i = \boldsymbol{x}_i \boldsymbol{y}_i^{\mathrm{H}}$, $i = 1, 2, \ldots, n$ とおくと，

$$A = \sum_{i=1}^{n} \lambda_i P_i \tag{9.25}$$

と表される．

A の逆行列はスペクトル分解を用いると

$$A^{-1} = \sum_{i=1}^{n} \frac{1}{\lambda_i} \boldsymbol{x}_i \boldsymbol{y}_i^{\mathrm{H}} = \sum_{i=1}^{n} \frac{1}{\lambda_i} P_i \tag{9.26}$$

と表せる．一部の固有値と固有ベクトルを用いて A^{-1} を近似的に表すために，

$$A^{-1} \approx \sum_{i=1}^{r} \frac{1}{\lambda_i} P_i \tag{9.27}$$

のようにすることがある．ここで，$r \ll n$ とする．固有値でないスカラー z について，$R(z) = (zI - A)^{-1}$ とする．$R(z)$ はスペクトル分解を用いて以下のように表される．

$$R(z) = (zI - A)^{-1} = \sum_{i=1}^{n} \frac{1}{z - \lambda_i} P_i. \tag{9.28}$$

行列 $A = (a_{ij})$ に対して，中心が a_{ii}，半径が $r_i = \sum_{j \neq i} |a_{ij}|$ の円で囲まれた複素平面上の領域を D_i とする．このとき，A のすべての固有値 $\lambda_1, \lambda_2, \ldots, \lambda_n$ は領域の和集合 $\bigcup_{i=1}^{n} D_i$ の内部に存在する．すなわち，各固有値 λ_k に対して

$$|\lambda_k - a_{ii}| \leq \sum_{j \neq i}^{n} |a_{ij}| \tag{9.29}$$

を満たす i が存在する．この円板を**ゲルシュゴリン円板** (Gershgorin circle) という．これは以下のようにして確かめられる．ある固有値 λ_k につ

いて，対応する固有ベクトルを $\boldsymbol{x}_k$ とする．$\boldsymbol{x}_k$ の成分のうち絶対値が最大のものを $\boldsymbol{x}_k(i)$ とする．すなわち，$|\boldsymbol{x}_k(i)| \geq |\boldsymbol{x}_k(j)|$ である．このとき，$A\boldsymbol{x}_k = \lambda_k \boldsymbol{x}_k$ の第 i 成分は

$$a_{i1}\boldsymbol{x}_k(1) + a_{i2}\boldsymbol{x}_k(2) + \cdots + a_{in}\boldsymbol{x}_k(n) = \lambda_k \boldsymbol{x}_k(i) \tag{9.30}$$

である．式を整理すると

$$\lambda_k - a_{ii} = \sum_{j \neq i} a_{ij} \frac{\boldsymbol{x}_k(j)}{\boldsymbol{x}_k(i)} \tag{9.31}$$

となる．$|\boldsymbol{x}_k(j)/\boldsymbol{x}_k(i)| \leq 1$ であることから，式 (9.29) が得られる．

ここで，A の要素に丸め誤差などによって小さな値の変化があり，$A+E$ のようになったときに，この行列の固有値がどの程度変化するのかをみる．$A+E$ の固有値を $\lambda_i + \delta\lambda_i$，固有ベクトルを $\boldsymbol{x}_i + \delta\boldsymbol{x}_i$ とする．このとき，

$$(A + E)(\boldsymbol{x}_i + \delta\boldsymbol{x}_i) = (\lambda_i + \delta\lambda_i)(\boldsymbol{x}_i + \delta\boldsymbol{x}_i) \tag{9.32}$$

と表される．$A\boldsymbol{x}_i = \lambda_i \boldsymbol{x}_i$ であることから，

$$E\boldsymbol{x}_i + E\delta\boldsymbol{x}_i + A\delta\boldsymbol{x}_i = \delta\lambda_i \boldsymbol{x}_i + \delta\lambda_i \delta\boldsymbol{x}_i + \lambda_i \delta\boldsymbol{x}_i \tag{9.33}$$

となる．E や $\delta\boldsymbol{x}_i$ はすべて値が十分に小さいとすると，その積 $E\delta\boldsymbol{x}_i$ はさらに小さくなるため，このような項を無視することにする．こうすることで，

$$E\boldsymbol{x}_i + A\delta\boldsymbol{x}_i \approx \delta\lambda_i \boldsymbol{x}_i + \lambda_i \delta\boldsymbol{x}_i \tag{9.34}$$

を得る．式 (9.22) によって与えられる $\boldsymbol{y}_i^{\mathrm{H}}$ を左からかけると

$$\boldsymbol{y}_i^{\mathrm{H}} E\boldsymbol{x}_i + \boldsymbol{y}_i^{\mathrm{H}} A\delta\boldsymbol{x}_i \approx \delta\lambda_i \boldsymbol{y}_i^{\mathrm{H}} \boldsymbol{x}_i + \lambda_i \boldsymbol{y}_i^{\mathrm{H}} \delta\boldsymbol{x}_i \tag{9.35}$$

となる．$\boldsymbol{y}_i^{\mathrm{H}} A = \boldsymbol{y}_i^{\mathrm{H}} \lambda_i$ より，式を整理すると

$$\delta \lambda_i \approx \frac{\boldsymbol{y}_i^{\mathrm{H}} E \boldsymbol{x}_i}{\boldsymbol{y}_i^{\mathrm{H}} \boldsymbol{x}_i} \tag{9.36}$$

となる．両辺の絶対値をとると

$$|\delta \lambda_i| \approx \left| \frac{\boldsymbol{y}_i^{\mathrm{H}} E \boldsymbol{x}_i}{\boldsymbol{y}_i^{\mathrm{H}} \boldsymbol{x}_i} \right| \leq \frac{\|\boldsymbol{y}_i^{\mathrm{H}}\|_2 \|E \boldsymbol{x}_i\|_2}{|\boldsymbol{y}_i^{\mathrm{H}} \boldsymbol{x}_i|} \leq \frac{\|\boldsymbol{y}_i\|_2 \|\boldsymbol{x}_i\|_2}{|\boldsymbol{y}_i^{\mathrm{H}} \boldsymbol{x}_i|} \|E\|_2 \tag{9.37}$$

となる．ここで，式の変形では行列 A とベクトル $\boldsymbol{x}$, $\boldsymbol{y}$ についての 2 ノルムの関係

$$\begin{aligned} \boldsymbol{x}^{\mathrm{H}} \boldsymbol{y} &\leq \|\boldsymbol{x}\|_2 \|\boldsymbol{y}\|_2, \\ \|A \boldsymbol{x}\|_2 &\leq \|A\|_2 \|\boldsymbol{x}\|_2 \end{aligned} \tag{9.38}$$

を用いた．

　固有値の条件数 (eigenvalue condition number) を

$$\kappa(\lambda_i, A) = \|\boldsymbol{y}_i\|_2 \|\boldsymbol{x}_i\|_2 \tag{9.39}$$

とおくと，$|\boldsymbol{y}_i^{\mathrm{H}} \boldsymbol{x}_i| = 1$ であることから，

$$|\delta \lambda_i| \lesssim \kappa(\lambda_i, A) \|E\|_2 \tag{9.40}$$

と表される．$\|\boldsymbol{x}_i\|_2 \leq \|X\|_2$ および $\|\boldsymbol{y}_i\|_2 \leq \|X^{-1}\|_2$ であることから，

$$\kappa(\lambda_i, A) \leq \kappa(X) \tag{9.41}$$

である．ここで，$\kappa(X)$ は X に関する連立一次方程式の条件数である．

9.2　相似変換による解法

　正則な行列 S によって A を $S^{-1} A S$ に変換することを**相似変換** (similarity transformation) という．λ と $\boldsymbol{x}$ を A の固有値と固有ベクトルとする．

$\boldsymbol{x} = S\boldsymbol{u}$ とおくと，$A\boldsymbol{x} = \lambda\boldsymbol{x}$ であることから，

$$AS\boldsymbol{u} = \lambda S\boldsymbol{u} \tag{9.42}$$

と表せる．両辺に左から S^{-1} をかけることで

$$S^{-1}AS\boldsymbol{u} = \lambda\boldsymbol{u} \tag{9.43}$$

となる．これより，相似変換で固有値は変化しないことがわかる．ただし，固有ベクトルは同じではない．

このような相似変換では S の逆行列が必要となる．行列 U が $U^{\mathrm{H}}U = UU^{\mathrm{H}} = I$ のとき**ユニタリ行列** (Unitary matrix) という．ユニタリ行列では $U^{-1} = U^{\mathrm{H}}$ であるため共役転置によって逆行列が得られる．

ユニタリ行列 U による相似変換 $U^{\mathrm{H}}AU$ によって上三角行列になるとき，この分解を**シュア分解** (Schur decomposition) という．このようにして得られた上三角行列の対角には A の固有値が並ぶ．A がエルミート行列のときには

$$U^{\mathrm{H}}AU = \mathrm{diag}(\lambda_1, \lambda_2, \ldots, \lambda_n) \tag{9.44}$$

とすることができる．ここで $\lambda_1, \lambda_2, \ldots, \lambda_n$ は実数である．

これらの分解は連立一次方程式のときの LU 分解のような決められた回数の計算で行えるわけではない．非線形問題となるため，反復によってこのような形に変形していくことになる．

シュア分解を求める方法として **QR アルゴリズム** (QR algorithm) がある．行列を $A_1 = A$ とし，A_1 の QR 分解を求める (QR 分解については 10.2 節参照).

$$A_1 = Q_1 R_1. \tag{9.45}$$

これより

$$Q_1^{\mathrm{T}} A_1 Q_1 = R_1 Q_1 \tag{9.46}$$

となる. そこで, 新しい行列を

$$A_2 = R_1 Q_1 \tag{9.47}$$

とする. A_k の QR 分解を $Q_k R_k$ としたとき,

$$A_{k+1} = R_k Q_k, \quad k = 1, 2, \ldots \tag{9.48}$$

によって行列の列を求めていく. この計算を繰り返すと, A_{k+1} の対角より下の要素は次第に小さくなり, 対角要素は固有値に近づく.

QR 分解の計算量は $O(n^3)$ であるため, 上記のような変換を何度も行うとその計算量は大きくなる. そこで A に対してこのような変換を直接行わず, まず A を QR 分解の計算が少なくなるような形に変形しておく. このような行列として, その要素 a_{ij} について $i > j + 1$ のとき $a_{ij} = 0$ となる**上ヘッセンベルグ行列** (upper Hessenberg matrix) がある.

A_1 が上ヘッセンベルグ行列のとき, A_k もまた上ヘッセンベルグ行列になる. 上ヘッセンベルグ行列は上三角行列に近い形をしており, このような行列の QR 分解の計算量は $O(n^2)$ である. そのため, 初めに $O(n^3)$ の計算量で上ヘッセンベルグ行列に変形しておくことで, その後の QR 分解による変換は 1 回あたり $O(n^2)$ となり, 全体の計算量も $O(n^3)$ となる.

9.3 ベキ乗法と逆反復法

絶対値最大の固有値に対応する固有ベクトルを求める方法として**ベキ乗法** (power method) がある. n 個の固有値を $\lambda_1, \lambda_2, \ldots, \lambda_n$ とし,

$$|\lambda_1| > |\lambda_2| \geq |\lambda_3| \geq \cdots \geq |\lambda_n| \tag{9.49}$$

を満たすとする. λ_i に対応する固有ベクトルを $\boldsymbol{x}_i$ とする.

適当な初期ベクトル $\boldsymbol{y}^{(0)}$ を与える．$\boldsymbol{y}^{(0)}$ は

$$\boldsymbol{y}^{(0)} = c_1 \boldsymbol{x}_1 + c_2 \boldsymbol{x}_2 + \cdots + c_n \boldsymbol{x}_n, \quad c_1 \neq 0 \tag{9.50}$$

と固有ベクトルで展開できるとする．このベクトルに A をかけて

$$\boldsymbol{y}^{(k)} = A\boldsymbol{y}^{(k-1)}, \quad k = 1, 2, \ldots \tag{9.51}$$

によってベクトル $\boldsymbol{y}^{(k)}$ の列を求める．このとき，

$$\begin{aligned}
\boldsymbol{y}^{(1)} = A\boldsymbol{y}^{(0)} &= c_1 A\boldsymbol{x}_1 + c_2 A\boldsymbol{x}_2 + \cdots + c_n A\boldsymbol{x}_n \\
&= c_1 \lambda_1 \boldsymbol{x}_1 + c_2 \lambda_2 \boldsymbol{x}_2 + \cdots + c_n \lambda_n \boldsymbol{x}_n
\end{aligned} \tag{9.52}$$

となる．

同様にして，

$$\begin{aligned}
\boldsymbol{y}^{(k)} = A\boldsymbol{y}^{(k-1)} &= c_1 \lambda_1^k \boldsymbol{x}_1 + c_2 \lambda_2^k \boldsymbol{x}_2 + \cdots + c_n \lambda_n^k \boldsymbol{x}_n \\
&= c_1 \lambda_1^k \left\{ \boldsymbol{x}_1 + \frac{c_2}{c_1} \left(\frac{\lambda_2}{\lambda_1} \right)^k \boldsymbol{x}_2 + \cdots + \frac{c_n}{c_1} \left(\frac{\lambda_n}{\lambda_1} \right)^k \boldsymbol{x}_n \right\}
\end{aligned} \tag{9.53}$$

となる．

仮定から $|\lambda_i/\lambda_1| < 1, i \neq 1$ であるので k を大きくすると λ_1 に対応する固有ベクトル成分 $c_1 \lambda_1^k \boldsymbol{x}_1$ がしだいに優勢となる．λ_1^k は k に従って大きくなるか小さくなってしまう可能性があるため，$\boldsymbol{y}^{(k)}$ を計算したときに $\|\boldsymbol{y}^{(k)}\|_2 = 1$ となるようにベクトルの大きさを正規化しておく．初期ベクトル $\boldsymbol{y}^{(0)}$ は乱数によって成分を与えることが多い．

ベクトル $\boldsymbol{x}$ に対して

$$\frac{(\boldsymbol{x}, A\boldsymbol{x})}{(\boldsymbol{x}, \boldsymbol{x})} \tag{9.54}$$

を**レイリー商** (Rayleigh quotient) という．λ と $\boldsymbol{x}$ が A の固有値，固有ベクトルのとき，$\boldsymbol{x}$ のレイリー商は

$$\frac{(\boldsymbol{x}, A\boldsymbol{x})}{(\boldsymbol{x}, \boldsymbol{x})} = \frac{(\boldsymbol{x}, \lambda\boldsymbol{x})}{(\boldsymbol{x}, \boldsymbol{x})} = \lambda\frac{(\boldsymbol{x}, \boldsymbol{x})}{(\boldsymbol{x}, \boldsymbol{x})} = \lambda \tag{9.55}$$

となり，固有ベクトルの十分によい近似値が分かれば固有値 λ を求めることができる．

べき乗法で求めた固有ベクトルの近似 $\boldsymbol{y}^{(k)}$ を用いて上式の計算をすると，$(\boldsymbol{y}^{(k)}, \boldsymbol{y}^{(k)}) = 1$ と正規化してあるとき，

$$\frac{(\boldsymbol{y}^{(k)}, A\boldsymbol{y}^{(k)})}{(\boldsymbol{y}^{(k)}, \boldsymbol{y}^{(k)})} = (\boldsymbol{y}^{(k)}, \boldsymbol{y}^{(k+1)}) \tag{9.56}$$

が成り立つ．したがって，べき乗法の反復中で

$$\lambda^{(k)} = (\boldsymbol{y}^{(k)}, \boldsymbol{y}^{(k+1)}) \tag{9.57}$$

として，固有値の近似値を求めることができる．

ベキ乗法のアルゴリズムを Algorithm 9.1 に示す．初期ベクトルは $\boldsymbol{u}^{(0)}$ で与えられている．行列 A とベクトルをかける操作は一般には計算量が多いため，それを節約するためにレイリー商の計算では前に求めた結果を利用するようにしている．残差の計算では，$\boldsymbol{u}^{(k+1)} = A\boldsymbol{y}^{(k)}$ の関係を利用し，$A\boldsymbol{y}^{(k)}$ のかわりに $\boldsymbol{u}^{(k+1)}$ を用いている．残差が ε 以下となったときに反復を終了し，最大反復回数を k_{max} としている．

べき乗法は絶対値最大の固有値と対応する固有ベクトルを求める方法であるが，次のような関係を利用して任意の固有値を求めることができる．これは**逆反復法** (inverse iteration method) と呼ばれる．

固有値の近似値 σ が与えられたとする．ここで σ は固有値と一致しないとする．

$$G = (\sigma I - A)^{-1} \tag{9.58}$$

Algorithm 9.1 ベキ乗法

input: A, $\boldsymbol{u}^{(0)}$, k_{max}, ε

output: $\lambda, \boldsymbol{x}$

for $k = 0, 1, \ldots, k_{max}$ **do**

$\boldsymbol{y}^{(k)} \leftarrow \boldsymbol{u}^{(k)}/\|\boldsymbol{u}^{(k)}\|_2$

$\boldsymbol{u}^{(k+1)} \leftarrow A\boldsymbol{y}^{(k)}$

$\lambda^{(k)} \leftarrow (\boldsymbol{y}^{(k)}, \boldsymbol{u}^{(k+1)})$

if $\|\boldsymbol{u}^{(k+1)} - \lambda^{(k)}\boldsymbol{y}^{(k)}\|_2 \le \varepsilon$ **then**

break

end if

end for

$\lambda \leftarrow \lambda^{(k)}$

$\boldsymbol{x} \leftarrow \boldsymbol{y}^{(k)}$

とおくと,

$$Gx_i = \frac{1}{\sigma - \lambda_i}x_i \tag{9.59}$$

が成り立つ. σ が λ_i に十分に近く, 他の固有値は λ_i と異なるとすると

$$\left|\frac{1}{\sigma - \lambda_i}\right| > \left|\frac{1}{\sigma - \lambda_j}\right|, \quad j \ne i \tag{9.60}$$

となるため, $1/(\sigma-\lambda_i)$ は行列 G の絶対値最大の固有値となる. したがって, G に対してべき乗法を適用し

$$\boldsymbol{u}^{(k)} = G\boldsymbol{y}^{(k-1)}, \; \boldsymbol{y}^{(k)} = \boldsymbol{u}^{(k)}/\|\boldsymbol{u}^{(k)}\|_2 \tag{9.61}$$

を計算することで, λ_i に対応する固有ベクトル x_i が得られる.

　この計算は連立一次方程式

$$(\sigma I - A)\boldsymbol{u}^{(k)} = \boldsymbol{y}^{(k-1)} \tag{9.62}$$

を $\boldsymbol{u}^{(k)}$ について解くことで進められる．まず，LU 分解によって

$$\sigma I - A = LU \tag{9.63}$$

となる L, U を求めておくと，この分解で $O(n^3)$ の計算量を要するが，$\boldsymbol{u}^{(k)}$ の計算では

$$LU\boldsymbol{u}^{(k)} = \boldsymbol{y}^{(k-1)} \tag{9.64}$$

を解くことになり，$O(n^2)$ の計算量となる．

9.4 部分空間による解法

ベクトル $\boldsymbol{v}_1, \boldsymbol{v}_2, \ldots, \boldsymbol{v}_m$ が与えられたとき，これらのベクトルの線形結合によって得られる集合を

$$\mathrm{span}(\boldsymbol{v}_1, \boldsymbol{v}_2, \cdots, \boldsymbol{v}_m) = \left\{ \sum_{j=1}^m c_j \boldsymbol{v}_j \,\middle|\, c_j \in \mathbb{R},\, j = 1, 2, \ldots, m \right\} \tag{9.65}$$

と表す．$\mathrm{span}(\boldsymbol{v}_1, \boldsymbol{v}_2, \cdots, \boldsymbol{v}_m)$ を $\boldsymbol{v}_1, \boldsymbol{v}_2, \cdots, \boldsymbol{v}_m$ で張られる**部分空間** (subspace) という．

n 次元ベクトル $\boldsymbol{q}_1, \boldsymbol{q}_2, \ldots, \boldsymbol{q}_m$ は正規直交であるとし，$A\boldsymbol{u} - \mu\boldsymbol{u}$ と $\boldsymbol{q}_1, \boldsymbol{q}_2, \ldots, \boldsymbol{q}_m$ が直交する，すなわち

$$(A\boldsymbol{u} - \mu\boldsymbol{u}, \boldsymbol{q}_i) = 0,\ i = 1, 2, \ldots, m \tag{9.66}$$

を満たすようなベクトル $\boldsymbol{u}$ とスカラー μ を求めることを考える．

行列 Q を

$$Q = [\boldsymbol{q}_1, \boldsymbol{q}_2, \ldots, \boldsymbol{q}_m] \tag{9.67}$$

とおく. m 次元ベクトル $\boldsymbol{y}$ は $\boldsymbol{u} = Q\boldsymbol{y}$ の関係があるとする. このとき, 条件 (9.66) より

$$Q^{\mathrm{T}}(AQ\boldsymbol{y} - \mu Q\boldsymbol{y}) = \boldsymbol{0} \qquad (9.68)$$

を得る. これより

$$(Q^{\mathrm{T}}AQ)\boldsymbol{y} = \mu\boldsymbol{y} \qquad (9.69)$$

となり, μ と $\boldsymbol{y}$ は行列 $Q^{\mathrm{T}}AQ$ の固有値問題の解であることが分かる. このようにして μ と $\boldsymbol{u}$ を求める方法を**レイリー・リッツ手法** (Rayleigh-Ritz procedure) といい, μ を**リッツ値** (Ritz value), $\boldsymbol{u}$ を**リッツベクトル** (Ritz vector) と呼ぶ. レイリー・リッツ手法のアルゴリズムを Algorithm 9.2 に示す.

Algorithm 9.2 レイリー・リッツ手法

---

  input: A, $Q = [\boldsymbol{q}_1, \boldsymbol{q}_2, \ldots, \boldsymbol{q}_m]$

  output: $(\mu_i, \boldsymbol{u}_i)$, $i = 1, 2, \ldots, m$

  $\tilde{A} \leftarrow Q^{\mathrm{T}}AQ$

  $\tilde{A}$ の固有値と固有ベクトルを求め, これを $\mu_i, \boldsymbol{y}_i, 1 \leq i \leq m$ とする.

  $\boldsymbol{u}_i \leftarrow Q\boldsymbol{y}_i \quad i = 1, 2, \ldots, m$

  $\boldsymbol{q}_i, i = 1, 2, \ldots, m$ が固有ベクトル $\boldsymbol{x}_1, \boldsymbol{x}_2, \ldots, \boldsymbol{x}_m$ の線形結合で表されているとき, レイリー・リッツ手法を用いて固有値と固有ベクトルを求めることができる.

  部分空間反復法 (subspace iteration method) は, ベキ乗法の拡張とみなすことができ, 複数の固有値と固有ベクトルを求めることができる. m 本のベクトル $\boldsymbol{y}_1^{(0)}, \boldsymbol{y}_2^{(0)}, \ldots, \boldsymbol{y}_m^{(0)}$ を初期ベクトルとし,

$$Y^{(0)} = [\boldsymbol{y}_1^{(0)}, \boldsymbol{y}_2^{(0)}, \ldots, \boldsymbol{y}_m^{(0)}] \tag{9.70}$$

とする．$Y^{(0)}$ に A をかけて

$$U^{(1)} = AY^{(0)} \tag{9.71}$$

とし，$U^{(1)}$ の列ベクトルを直交化した行列を $Q^{(1)}$ とし，$Y^{(1)} = Q^{(1)}$ とする．この $Y^{(1)}$ に対して同様に A をかけ，直交化を行う．これを繰り返すことで得られる行列 $Q^{(k)}$ に対してレイリー・リッツ手法を用いることで，A の固有値および固有ベクトルの近似を得る．

機械学習において，入力となる学習データに正解となるラベルや値が与えられた場合を**教師あり学習** (supervised learning) という．これに対して，学習データに正解となるラベルや値がない状況でデータから何らかの特徴などを抽出することを**教師なし学習** (unsupervised learning) という．ここで，教師なし学習において固有値問題が現れる例を示す．

n 個の**特徴量**(feature) をもつ m 個のサンプルからなるデータを $\boldsymbol{x}_1, \boldsymbol{x}_2, \ldots, \boldsymbol{x}_m$ とする．2 つのサンプル $\boldsymbol{x}_i$ と $\boldsymbol{x}_j$ がどれくらい近いかを与える関数を $\varphi(\boldsymbol{x}_i, \boldsymbol{x}_j)$ とする．関数 $\varphi(\boldsymbol{x}_i, \boldsymbol{x}_j)$ は 0 から 1 の間の値をとり，$\boldsymbol{x}_i$ と $\boldsymbol{x}_j$ が一致するときには 1 となり，大きく異なるときには 0 に近くなるものとする．この関数はデータのどんな特徴を捉えたいかに合わせて決める．このような関数としては

$$\varphi(\boldsymbol{x}_i, \boldsymbol{x}_j) = e^{-\frac{\|\boldsymbol{x}_i - \boldsymbol{x}_j\|_2^2}{\sigma^2}}$$

がよく用いられる．ここで，σ はパラメータである．

この関数を用いて行列 $W = (w_{ij})_{1 \le i,j \le m}$ を

$$w_{ij} = \begin{cases} \varphi(\boldsymbol{x}_i, \boldsymbol{x}_j), & i \ne j \\ 0, & i = j \end{cases}$$

によって与える．このようにして与えられる行列 W は**類似度行列** (similarity matrix) と呼ばれる．W は，その要素の値 w_{ij} があらかじめ与えた値より小さい場合を 0 にする，あるいは各行ごとに値が大きいものからあらかじめ与えた数までを残し，それ以外を 0 とするなどして，0 の多い行列にしておくことが多い．どれくらいの値より小さい場合を 0 とするか，あるいは，1 行あたりいくつの要素を残して後を 0 とするかは，対象とするデータや適用する手法に依存する．

このようにして要素の一部を 0 に置き換えると，W は非対称行列となる場合が多い．W は対称行列とすると扱いやすいため，$(W + W^T)/2$ を改めて W と置くことで対称行列とする．

この W から

$$d_i = \sum_{j=1}^{m} w_{ij}, \quad i = 1, 2, \ldots, m$$

とし，行列 D を $\mathrm{diag}(d_1, d_2, \ldots, d_m)$ とおく．行列 D は**次数行列** (degree matrix) と呼ばれる．このようにして求めた W, D を用いて行列 L を

$$L = W - D$$

とおく．行列 L, D による一般化固有値問題

$$L\boldsymbol{u} = \lambda D\boldsymbol{u}$$

を解き，得られた固有ベクトルを用いることで，データの要素をいくつかのグループに分けるなど，データのもつ特徴を調べることができる．このような方法として**スペクトラルクラスタリング** (spectral clustering)，**ラプラシアン固有写像** (Laplacian eigenmaps, LEM)，**局所性保存射影** (locality preserving projection, LPP) などがある．

演習問題 **9** ──────────────────────────

1. 行列 A を

$$A = \begin{bmatrix} 2 & -1 \\ -1 & 2 \end{bmatrix} \tag{9.72}$$

とする. A の特性多項式の零点を求めることで, 固有値 λ_1, λ_2 を求めよ. $(A - \lambda_1)\boldsymbol{x}_1 = \boldsymbol{0}$ の関係を用いて, 固有ベクトル $\boldsymbol{x}_1$ を求めよ. このとき $\|\boldsymbol{x}_1\|_2 = 1$ とせよ. 同様に $\boldsymbol{x}_2$ を求めよ.

2. 行列 A は演習問題 9 の 1 と同様とする. ベクトル $\boldsymbol{y} = [4, 1]^{\mathrm{T}}$ について,

$$\boldsymbol{y} = c_1 \boldsymbol{x}_1 + c_2 \boldsymbol{x}_2 \tag{9.73}$$

となる c_1, c_2 を求めよ. ここで, $\boldsymbol{x}_1, \boldsymbol{x}_2$ は A の固有ベクトルとする.

3. A は n 次の実対称行列で正則とする. このとき, A の固有値はすべて実数であることを示せ. また, 相異なる固有値に対応する固有ベクトルは互いに直交することを示せ.

4. A は正則な n 次の実行列とする. λ が A の固有値のとき, $1/\lambda$ は A^{-1} の固有値であることを示せ. A の固有値でない値 σ に対して, $A - \sigma I$ の固有値は $\lambda - \sigma$ となることを示せ.

5. 行列 A とベクトル $\boldsymbol{u}^{(0)}$ を

$$A = \begin{bmatrix} 1 & 1 \\ 1 & 0 \end{bmatrix}, \boldsymbol{u}^{(0)} = \begin{bmatrix} 1 \\ 0 \end{bmatrix} \tag{9.74}$$

とする. Algorithm 9.1 に示すベキ乗法により, $\boldsymbol{y}^{(1)}$, $\boldsymbol{y}^{(2)}$, $\boldsymbol{y}^{(3)}$ および対応するレイリー商を求めよ. $G = A^{-1}$ に対してベキ乗法を適用し, このとき得られる近似固有値を示せ.

10 | 最小二乗法と特異値分解

《**目標＆ポイント**》 測定データなどが与えられたときに，そのデータの分布を近似的に表す直線や2次式などを求める問題は最小二乗問題となる．この問題は一般の次数の多項式によってデータの分布を表す問題へと拡張できる．ここでは，多項式補間や連立一次方程式と関連づけて計算方法を説明する．

《**キーワード**》 最小二乗法，QR 分解，特異値分解，データ解析

10.1 正規方程式

標本点 $a_1, a_2, \ldots, a_m$ において測定したデータを $b_1, b_2, \ldots, b_m$ とする．この値の組 (a_i, b_i) を xy 平面上の点として表示したとき，図 10.1 に示すように分布しているとする．このデータに対して、a_i と b_i の関係を表すような1次式を求めることにする．

求めようとする1次式を

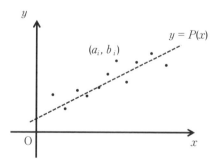

図 10.1 測定したデータ (a_i, b_i) の分布

$$P(x) = p_1 x + p_0 \tag{10.1}$$

とおく．この 1 次式の $x = a_i$ での値は

$$P(a_i) = p_1 a_i + p_0, \quad i = 1, 2, \ldots, m \tag{10.2}$$

と表せる．この値ができるだけ b_i に近くなるような $P(x)$ の係数 p_0, p_1 を求める．

　求めようとする多項式の係数 p_0, p_1 を要素とするベクトルを

$$\boldsymbol{x} = \begin{bmatrix} p_0 \\ p_1 \end{bmatrix} \tag{10.3}$$

とおき，行列 A とベクトル $\boldsymbol{y}$ を

$$A = \begin{bmatrix} 1 & a_1 \\ 1 & a_2 \\ \vdots & \vdots \\ 1 & a_m \end{bmatrix}, \quad \boldsymbol{y} = \begin{bmatrix} P(a_1) \\ P(a_2) \\ \vdots \\ P(a_m) \end{bmatrix} \tag{10.4}$$

とおくと，式 (10.2) は

$$\boldsymbol{y} = A\boldsymbol{x} \tag{10.5}$$

と表すことができる．

　得られた測定値を要素とするベクトルを

$$\boldsymbol{b} = [b_1, b_2, \ldots, b_m]^{\mathrm{T}} \tag{10.6}$$

とおく．$m > 2$ のときには一般には点 (a_i, b_i) をすべて通るような 1 次式は存在しない．そのため，$\boldsymbol{b}$ と $\boldsymbol{y}$ ができるだけ近くなるような $\boldsymbol{x}$ を求めることにする．

　A の列ベクトルを

$$\boldsymbol{a}_1 = \begin{bmatrix} 1 \\ 1 \\ \vdots \\ 1 \end{bmatrix}, \quad \boldsymbol{a}_2 = \begin{bmatrix} a_1 \\ a_2 \\ \vdots \\ a_m \end{bmatrix} \tag{10.7}$$

とおくと，A と $\boldsymbol{x}$ の積は

$$\boldsymbol{y} = A\boldsymbol{x} = p_0\boldsymbol{a}_1 + p_1\boldsymbol{a}_2 \tag{10.8}$$

と表される．このように，1 次式の係数 p_0, p_1 は A の列ベクトルの線形結合の係数であり，p_0, p_1 が変わると結果としてベクトル $\boldsymbol{y}$ が変化する．

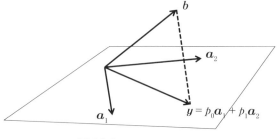

図 10.2　$m = 3$ のとき

　ここで，簡単のため $m = 3$ の場合を考える．このとき，図 10.2 に示すように，$\boldsymbol{y}$ は $\boldsymbol{a}_1$ と $\boldsymbol{a}_2$ の張る平面上を動く．これに対して，一般には $\boldsymbol{b}$ はこの平面上にはない．$\boldsymbol{y}$ と $\boldsymbol{b}$ のユークリッド距離 $\|\boldsymbol{b} - \boldsymbol{y}\|_2$ が最小となるのは，$\boldsymbol{y}$ が $\boldsymbol{b}$ から $\boldsymbol{a}_1$ と $\boldsymbol{a}_2$ の張る平面に下ろした垂線の足となったときである．この関係を内積で表すと

$$\begin{cases} \boldsymbol{a}_1^{\mathrm{T}}(\boldsymbol{b} - \boldsymbol{y}) = 0 \\ \boldsymbol{a}_2^{\mathrm{T}}(\boldsymbol{b} - \boldsymbol{y}) = 0 \end{cases} \tag{10.9}$$

である．これを行列の形式で表すと

$$\begin{bmatrix} \boldsymbol{a}_1^{\mathrm{T}} \\ \boldsymbol{a}_2^{\mathrm{T}} \end{bmatrix} (\boldsymbol{b} - \boldsymbol{y}) = \begin{bmatrix} 0 \\ 0 \end{bmatrix} \tag{10.10}$$

となる．ここで

$$A^{\mathrm{T}} = \begin{bmatrix} \boldsymbol{a}_1^{\mathrm{T}} \\ \boldsymbol{a}_2^{\mathrm{T}} \end{bmatrix} \tag{10.11}$$

であり，$\boldsymbol{y} = A\boldsymbol{x}$ であることから，式を整理すると

$$A^{\mathrm{T}} A \boldsymbol{x} = A^{\mathrm{T}} \boldsymbol{b} \tag{10.12}$$

の関係を得る．この方程式を**正規方程式** (normal equation) という．これを解くことで 1 次式の係数 p_0, p_1 が得られる．$A^{\mathrm{T}} A$ が正則のとき，解は

$$\boldsymbol{x} = (A^{\mathrm{T}} A)^{-1} A^{\mathrm{T}} \boldsymbol{b} \tag{10.13}$$

と表され，$(A^{\mathrm{T}} A)^{-1} A^{\mathrm{T}}$ は**疑似逆行列** (pseudo-inverse matrix)，あるいは**ムーア・ペンローズの一般化逆行列** (Moore-Penrose generalized inverse) と呼ばれる．

　$m = 3$ のときは 3 次元空間上のベクトルとして考えることができるが，m が 4 以上になると図形として考えるのは困難である．しかし，いったん行列による表現を得ると，以下に示すように一般の m, n の場合への拡張が可能となる．

　データ点数を m，多項式の次数を $n-1$ とし，$m > n$ とする．$n-1$ 次の多項式を

$$P(x) = p_0 + p_1 x + \cdots + p_{n-1} x^{n-1} \tag{10.14}$$

とおく．このとき，

$$A = \begin{bmatrix} 1 & a_1 & \ldots & a_1^{n-1} \\ 1 & a_2 & \ldots & a_2^{n-1} \\ \vdots & \vdots & & \vdots \\ 1 & a_m & \ldots & a_m^{n-1} \end{bmatrix} \tag{10.15}$$

とおき，また，

$$\boldsymbol{b} = [b_1, b_2, \ldots, b_m]^{\mathrm{T}} \tag{10.16}$$

とおく．未知数を要素とするベクトルを

$$\boldsymbol{x} = [p_0, p_1, \ldots, p_{n-1}]^{\mathrm{T}} \tag{10.17}$$

とすると，$\boldsymbol{x}$ の満たす方程式はやはり (10.12) で与えられる．

10.2　QR分解による最小二乗近似

正規方程式 (10.12) は，$C = A^{\mathrm{T}}A$，および $\boldsymbol{d} = A^{\mathrm{T}}\boldsymbol{b}$ とおくと，

$$C\boldsymbol{x} = \boldsymbol{d} \tag{10.18}$$

を解くことで解が得られる．$A^{\mathrm{T}}A$ と A の条件数には

$$\kappa(A^{\mathrm{T}}A) \leq \kappa(A)^2 \tag{10.19}$$

の関係があり，A の条件数が大きいと，$A^{\mathrm{T}}A$ の条件数はその2乗で大きくなる可能性がある．そのため，$A^{\mathrm{T}}A$ を作らないで $\boldsymbol{x}$ を求める方法が用いられる．

行列 $A \in \mathbb{R}^{m \times n}$ に対して，直交行列 $Q \in \mathbb{R}^{m \times n}$，および上三角行列 $R \in \mathbb{R}^{n \times n}$ によって

$$A = QR \tag{10.20}$$

のように分解することを **QR 分解** (QR decomposition) と呼ぶ．A の列

ベクトルがすべて線形独立のとき，R は正則となる.

式 (10.12) において，$A = QR$ を代入すると，$A^{\mathrm{T}} = R^{\mathrm{T}}Q^{\mathrm{T}}$ であることから，

$$R^{\mathrm{T}}Q^{\mathrm{T}}QR\boldsymbol{x} = R^{\mathrm{T}}Q^{\mathrm{T}}\boldsymbol{b} \tag{10.21}$$

となる. 両辺に左から $(R^{\mathrm{T}})^{-1}$ をかけると，$Q^{\mathrm{T}}Q = I$ より，

$$R\boldsymbol{x} = Q^{\mathrm{T}}\boldsymbol{b} \tag{10.22}$$

を得る. これより，A の QR 分解が得られると，$A^{\mathrm{T}}A$ ではなく R を係数行列とする連立一次方程式を解くことになる. この方程式は正規方程式よりは精度の悪化が少ないことが知られている.

QR 分解の方法としては，グラム・シュミット直交化を用いる方法と，**ハウスホルダー変換** (Householder transformation) を用いる方法がある. ここでは，より誤差の影響が少ないハウスホルダー変換によって行列 A の QR 分解を求める方法を示す.

ベクトル $\boldsymbol{u}$ によって定義される行列

$$H(\boldsymbol{u}) = I - \boldsymbol{u}\boldsymbol{u}^{\mathrm{T}} \tag{10.23}$$

をハウスホルダー行列とよび，これによる変換をハウスホルダー変換という. ここで $\|\boldsymbol{u}\|_2 = \sqrt{2}$ とする. $H(\boldsymbol{u})$ は対称で，$H(\boldsymbol{u})^{\mathrm{T}}H(\boldsymbol{u}) = I$ より直交行列である. 行列 A に対するハウスホルダー変換により上三角行列に変形する.

2 つのベクトル $\boldsymbol{v}$ と $\boldsymbol{w}$ は $\|\boldsymbol{v}\|_2 = \|\boldsymbol{w}\|_2$ であるとし，

$$\boldsymbol{u} = \frac{\sqrt{2}}{\|\boldsymbol{v} - \boldsymbol{w}\|_2}(\boldsymbol{v} - \boldsymbol{w}) \tag{10.24}$$

とおくと，

$$\boldsymbol{w} = H(\boldsymbol{u})\boldsymbol{v} \tag{10.25}$$

の関係がある.

$\boldsymbol{v}$ として $\boldsymbol{a}_1$ を与え,

$$\boldsymbol{w} = [d, 0, \ldots, 0]^{\mathrm{T}}, \quad d = \pm\|\boldsymbol{v}\|_2 \tag{10.26}$$

となるように $\boldsymbol{u}$ を決める.ここで d の符号は $\boldsymbol{v} - \boldsymbol{w}$ の桁落ちが小さくなるように選ぶ.このハウスホルダー変換を A に作用させ

$$H(\boldsymbol{u})A = [H(\boldsymbol{u})\boldsymbol{a}_1, H(\boldsymbol{u})\boldsymbol{a}_2, \ldots, H(\boldsymbol{u})\boldsymbol{a}_n] \tag{10.27}$$

を計算すると,得られる行列の第一列は対角より下の値が 0 となる.得られた行列の第 2 行第 2 列以降の部分行列に対して同様の変換を適用することで,2 列目の対角より下の要素を 0 にすることができる.同様の変換を繰り返すことで,行列 A の対角より下の要素が 0 となる,この行列の上側 $n \times n$ の部分を R とする.

この変換は,

$$\begin{bmatrix} R \\ O \end{bmatrix} = H^{(n)}H^{(n-1)}\cdots H^{(1)}A \tag{10.28}$$

と表せる.$U = H^{(n)}H^{(n-1)}\cdots H^{(1)}$ とおくと,

$$A = U^{\mathrm{T}}\begin{bmatrix} R \\ O \end{bmatrix}, R \in \mathbb{R}^{n \times n} \tag{10.29}$$

と表せ,

$$U^{\mathrm{T}} = [Q, Q_1], Q \in \mathbb{R}^{m \times n}, Q_1 \in \mathbb{R}^{m \times (m-n)} \tag{10.30}$$

とおくと,$A = QR$ の関係があり,QR 分解が得られる.

ハウスホルダー行列をベクトル $\boldsymbol{y}$ に作用させる計算は

$$H(\boldsymbol{u})\boldsymbol{y} = (I - \boldsymbol{u}\boldsymbol{u}^{\mathrm{T}})\boldsymbol{y} = \boldsymbol{y} - \boldsymbol{u}(\boldsymbol{u}^{\mathrm{T}}\boldsymbol{y}) \tag{10.31}$$

であるので，ベクトルの内積 $\boldsymbol{u}^{\mathrm{T}}\boldsymbol{y}$ を計算し，$\boldsymbol{u}$ のスカラー倍を $\boldsymbol{y}$ に加える操作でよい．これは，あらかじめハウスホルダー行列 $H(\boldsymbol{u})$ を生成してから，行列とベクトルの積の計算をするより，大幅に計算量が少なくなる．

10.3　特異値分解

行列 $A \in \mathbb{R}^{m \times n}$ について，行列 $U \in \mathbb{R}^{m \times n}$，$\Sigma \in \mathbb{R}^{n \times n}$，$V \in \mathbb{R}^{n \times n}$ によって

$$A = U\Sigma V^{\mathrm{T}} \tag{10.32}$$

と分解することを**特異値分解** (singular value decomposition) という．ここで，U と V は直交行列で $U^{\mathrm{T}}U = I$，$V^{\mathrm{T}}V = I$ である．Σ は対角行列

$$\Sigma = \mathrm{diag}(\sigma_1, \sigma_2, \ldots, \sigma_n) \tag{10.33}$$

で，その対角要素は非負で，値の大きい要素から

$$\sigma_1 \geq \sigma_2 \geq \cdots \geq \sigma_n \geq 0 \tag{10.34}$$

のように並ぶ．$\sigma_1, \sigma_2, \ldots, \sigma_n$ を**特異値** (singular value)，U，V の列ベクトルをそれぞれ左，右**特異ベクトル** (singular vector) という．

特異値と特異ベクトルには $j = 1, 2, \ldots, n$ について

$$\begin{aligned} A^{\mathrm{T}}\boldsymbol{u}_j &= \sigma_j \boldsymbol{v}_j, \\ A\boldsymbol{v}_j &= \sigma_j \boldsymbol{u}_j \end{aligned} \tag{10.35}$$

の関係がある．式 (10.35) から

$$A^{\mathrm{T}}A\boldsymbol{v}_j = \sigma_j^2 \boldsymbol{v}_j \tag{10.36}$$

162

より，$\boldsymbol{v}_j$ は $A^{\mathrm{T}}A$ の固有ベクトルであり，その固有値は σ_j^2 となる．$A^{\mathrm{T}}A$ の固有値，固有ベクトルが得られたとき，

$$\boldsymbol{u}_j = \frac{1}{\sigma_j}A\boldsymbol{v}_j \tag{10.37}$$

から，$\boldsymbol{u}_j$ を求めることができる．

A の列ベクトルのうち線形独立なベクトルの本数が $r\ (1 \leq r \leq n)$ のとき，$\sigma_r > 0$ および $\sigma_{r+1} = \cdots = \sigma_n = 0$ となる．このとき，

$$A = \begin{bmatrix} U_r & U_{n-r} \end{bmatrix} \begin{bmatrix} \Sigma_r & O \\ O & O \end{bmatrix} \begin{bmatrix} V_r^{\mathrm{T}} \\ V_{n-r}^{\mathrm{T}} \end{bmatrix} = U_r \Sigma_r V_r^{\mathrm{T}} \tag{10.38}$$

となる．$U_r = [\boldsymbol{u}_1, \boldsymbol{u}_2, \ldots, \boldsymbol{u}_r]$, $V_r = [\boldsymbol{v}_1, \boldsymbol{v}_2, \ldots, \boldsymbol{v}_r]$ から，

$$A = \sum_{j=1}^{r} \sigma_j \boldsymbol{u}_j \boldsymbol{v}_j^{\mathrm{T}} \tag{10.39}$$

を得る．このとき，式 (10.13) で与えられる疑似逆行列の解 $\boldsymbol{x}$ は，

$$\begin{aligned} \boldsymbol{x} &= (A^{\mathrm{T}}A)^{-1}A^{\mathrm{T}}\boldsymbol{b} = V_r \Sigma^{-1} U_r^{\mathrm{T}} \boldsymbol{b} \\ &= \sum_{j=1}^{r} \frac{1}{\sigma_j}(\boldsymbol{u}_j^{\mathrm{T}}\boldsymbol{b})\,\boldsymbol{v}_j \end{aligned} \tag{10.40}$$

と表される．問題によってはいくつかの特異値が非常に小さくなる場合がある．このようなときに小さな特異値を 0 とみなして近似解 $\tilde{\boldsymbol{x}}$ を求める方法がある．0 と見なす特異値の数を k とすると，

$$\tilde{\boldsymbol{x}} = \sum_{j=1}^{r-k} \frac{1}{\sigma_j}(\boldsymbol{u}_j^{\mathrm{T}}\boldsymbol{b})\boldsymbol{v}_j \tag{10.41}$$

となる．これは**打ち切り特異値分解法**(truncated SVD, TSVD) と呼ばれる．

10.4 データ解析

データ解析や機械学習では特異値分解がよく現れる．その例として，**主成分分析** (principal component analysis)，および**回帰分析** (regression analysis) について，特異値分解との関係を簡単に示す．

n 個の特徴量をもつ m 個のサンプルのデータが与えられたとする．各サンプルは n 個の特徴量を持つことから，その値を成分とする n 次元ベクトルと見なせる．i 番目のサンプルの特徴量を成分とするベクトルを $\boldsymbol{x}_i$ とする．ベクトル $\boldsymbol{x}_i$ の j 番目の成分を $\boldsymbol{x}_i(j)$ と表すと，$\boldsymbol{x}_i = [\boldsymbol{x}_i(1), \boldsymbol{x}_i(2), \ldots, \boldsymbol{x}_i(n)]^{\mathrm{T}}$ と表される．これは，表 10.1 のように値が並んだテーブルデータが与えられているとみなせる．

表 10.1　m 個のサンプルによるデータの例

	サンプル 1	サンプル 2	$\cdots$	サンプル m
特徴量 1	$\boldsymbol{x}_1(1)$	$\boldsymbol{x}_2(1)$	$\cdots$	$\boldsymbol{x}_m(1)$
特徴量 2	$\boldsymbol{x}_1(2)$	$\boldsymbol{x}_2(2)$	$\cdots$	$\boldsymbol{x}_m(2)$
$\vdots$	$\vdots$	$\vdots$	$\vdots$	$\vdots$
特徴量 n	$\boldsymbol{x}_1(n)$	$\boldsymbol{x}_2(n)$	$\cdots$	$\boldsymbol{x}_m(n)$

データの値を要素にもつ行列を $X = [\boldsymbol{x}_1, \boldsymbol{x}_2, \ldots, \boldsymbol{x}_m]$ とし，$A = X^{\mathrm{T}}$ とおく．A の特異値分解を求め，式 (10.39) の関係より，

$$E_j = \sigma_j \boldsymbol{u}_j \boldsymbol{v}_j^{\mathrm{T}} \tag{10.42}$$

とおくことで，

$$A = E_1 + E_2 + \cdots + E_r \tag{10.43}$$

と表される. E_j は**成分行列** (component matrix) と呼ばれ,

$$E_i E_j^T = O, \quad i \neq j \tag{10.44}$$

および

$$\|E_j\|_2 = \sigma_j \tag{10.45}$$

の関係がある. 成分行列の和を r より小さい p で打ち切って

$$A \approx A_p = E_1 + E_2 + \cdots + E_p \tag{10.46}$$

によって, A を近似することにする. このとき, A の各列ベクトルは

$$\sum_{k=1}^{p} \sigma_k \boldsymbol{u}_k \boldsymbol{v}_k(j), \ j = 1, 2, \ldots, n \tag{10.47}$$

で近似される. ここで, $\boldsymbol{v}_k(j)$ はベクトル $\boldsymbol{v}_k$ の第 j 成分を表す.

$p = 1$ とすると,

$$E_1 = \sigma_1 \boldsymbol{u}_1 \boldsymbol{v}_1^{\mathrm{T}} \tag{10.48}$$

のみを用いた近似となり, E_1 の要素は**第一主成分** (first principal component) と呼ばれる. その各列ベクトルは

$$\sigma_1 \boldsymbol{u}_1 \boldsymbol{v}_1(j), \quad j = 1, 2, \ldots, n \tag{10.49}$$

と表される.

表 10.2　10 人の身長と体重のデータ

	1	2	3	4	5	6	7	8	9	10
身長	165	158	153	174	171	157	177	163	164	172
体重	67	56	48	68	62	49	79	56	58	70

　ここで，例として $m = 10$ として，10 人の身長と体重のデータを考える．このとき，身長と体重は特徴量で $n = 2$ である．表 10.2 にデータの例を示す．

　これに対応する行列を

$$
X = \left[\begin{array}{cccccccccc} 165 & 158 & 153 & 174 & 171 & 157 & 177 & 163 & 164 & 172 \\ 67 & 56 & 48 & 68 & 62 & 49 & 79 & 56 & 58 & 70 \end{array} \right]
$$

とし，$A = X^{\mathrm{T}}$ とする．A は 10 行 2 列の縦長の行列である．A の第 1 列目は身長，第 2 列目は体重を表している．特異値分解をする前に，特徴量ごとに平均値を引いて，原点が中心になるようにしておく．この例では，身長と体重のそれぞれについて，平均値が 0 となるようにする．この行列を $\tilde{X}$ とし，$A = \tilde{X}^{\mathrm{T}}$ する．

　A の特異値分解を求め，特異値と特異ベクトルを用いて第 1 成分行列 E_1 を求める．図 10.3 に，表 10.2 の値と E_1 の各行の 2 個の値の組を結んだ直線を破線で示す．特異値分解の前に平均が 0 となるように移動したが，ここでは再度平均値を元に戻してから表示している．

　線形の回帰では、データ $X = [\boldsymbol{x}_1, \ldots, \boldsymbol{x}_m]$ および $\boldsymbol{b} = [\beta_1, \ldots, \beta_m]^{\mathrm{T}}$

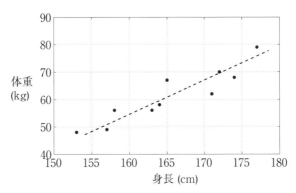

図 10.3　測定データと第一主成分のグラフ

166

について

$$\beta_i \approx \alpha_0 + \alpha_1 \boldsymbol{x}_i(1) + \alpha_2 \boldsymbol{x}_i(2) + \cdots + \alpha_n \boldsymbol{x}_i(n), \, i = 1, \ldots, m \quad (10.50)$$

となるような $\alpha_0, \ldots, \alpha_n$ を求める．$\boldsymbol{x}_i(1), \ldots, \boldsymbol{x}_i(n)$ は**説明変数** (explanatory variable)，β_i は**目的変数** (objective variable) と呼ばれる．ここで，$\boldsymbol{w} = [\alpha_0, \ldots, \alpha_n]^{\mathrm{T}}$ とおく．成分がすべて 1 で m 次のベクトルを $\boldsymbol{1}_m$ とし，$A = [\boldsymbol{1}_m \, X^{\mathrm{T}}]$ とおくと，式 (10.50) の右辺は $A\boldsymbol{w}$ と表される．$A\boldsymbol{w}$ と $\boldsymbol{b}$ ができるだけ近くなる条件として 2 ノルムの最小化を用いると

$$\min_{\boldsymbol{w}} \|A\boldsymbol{w} - \boldsymbol{b}\|_2^2 \quad (10.51)$$

を満たすベクトル $\boldsymbol{w}$ を求める問題として表される．これは $A = U_r \Sigma_r V_r^{\mathrm{T}}$ と特異値分解されるとき，$\boldsymbol{w} = V_r \Sigma_r^{-1} U_r^{\mathrm{T}} \boldsymbol{b}$ で求められる．

これに対して，

$$\min_{\boldsymbol{w}} \|A\boldsymbol{w} - \boldsymbol{b}\|_2^2 + \mu \|\boldsymbol{w}\|_2^2 \quad (10.52)$$

とした場合には**リッジ回帰**(Ridge regression) と呼ばれる．ここで $\mu \|\boldsymbol{w}\|_2^2$ は正則化項と呼ばれ，パラメータ $\mu > 0$ は問題によってその値の大きさを設定する．また，正則化項に 1 ノルムを用いて

$$\min_{\boldsymbol{w}} \|A\boldsymbol{w} - \boldsymbol{b}\|_2^2 + \mu \|\boldsymbol{w}\|_1^2 \quad (10.53)$$

としたときには**LASSO 回帰**(LASSO regression) と呼ばれる．回帰を行うときに，あらかじめデータの値を非線形関数を用いて変換しておく場合がある．2 クラス分類問題で用いられる**ロジスティック回帰**(Logistic regression) はこのような非線形変換を用いた回帰の一つである．

演習問題 **10**

1. 標本点を $a_1 = -1$, $a_2 = 0$, $a_3 = 1$ とし，そこで観測したデータを $b_1 = -1$, $b_2 = 11/10$, $b_3 = 3$ としたとき，式 (10.4) の行列 A とベクトル b を求めよ．$A = [a_1, a_2]$ とおいたとき，a_1, a_2, b を 3 次元空間上のベクトルとして図示せよ．$A^\mathrm{T} A$ を係数行列とする連立一次方程式を解いて，1 次式による最小二乗近似を求めよ．

2. ハウスホルダー変換 $H = I - u u^\mathrm{T}$ で与えられる行列 H は対称で，直交行列であることを示せ．行列 A は演習問題 10 の 1 と同様とし，A の 1 列目の対角要素より下を 0 とするようなベクトル u を示せ．

3. 行列 A は演習問題 10 の 1 と同様とする．このとき，$A^\mathrm{T} A$ の固有値問題を解くことで，A の特異値分解を求めよ．

4. ベクトル a_1, a_2, a_3 および v を

$$a_1 = \begin{bmatrix} 2 \\ 1 \end{bmatrix}, \ a_2 = \begin{bmatrix} 1 \\ 2 \end{bmatrix}, \ a_3 = \begin{bmatrix} -1 \\ 1 \end{bmatrix}, \ v = \begin{bmatrix} -1 \\ 3 \end{bmatrix} \quad (10.54)$$

とする．v と a_1, a_2, a_3 のそれぞれのなす角の余弦の値を求めよ．ここで 2 つのベクトル a, b のなす角を θ としたとき，その余弦は

$$\cos \theta = \frac{(a, b)}{\|a\|_2 \|b\|_2}$$

で与えられる．v とベクトルの向きが一番近いのは a_1, a_2, a_3 のうちのどれか．

11 | 数値積分法

《**目標＆ポイント**》 定積分をコンピュータで数値計算する方法について説明する．多くの数値積分の計算法は，あらかじめ決められた点で求めた関数の値に対して適当な数をかけて足し合わせる形で表される．このとき，関数を計算する点や関数にかける値を変えることでさまざまな公式が得られる．

《**キーワード**》 定積分，台形則，補間型積分則，ガウス積分則

11.1 関数の数値積分

有限区間 $[a, b]$ において**定積分** (definite integral)

$$I(f) = \int_a^b f(x)dx \tag{11.1}$$

を求めることを考える．この定積分を図 11.1 に示すように，台形で近似する方法が**台形則** (trapezoidal rule) である．このとき，台形の面積は

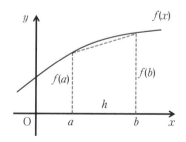

図 11.1 台形による定積分の近似

$h = b - a$ とおくと

$$T(f) = \frac{h}{2}(f(a) + f(b)) \tag{11.2}$$

で求められる.

 台形則は, 関数 $f(x)$ を点 $(a, f(a))$, $(b, f(b))$ を通る直線で近似し, 得られた 1 次式の定積分を求めていると考えることができる. 式を簡単にするため, $a = 0$, $b = h$ として考える. 直線の式を $p(x)$ とすると

$$p(x) = f(0) + \frac{f(h) - f(0)}{h}x \tag{11.3}$$

となる. 台形則で求めた面積と本来の積分の差を

$$E(f) = \int_0^h f(x)dx - T(f) = \int_0^h (f(x) - p(x))dx \tag{11.4}$$

と表す. 多項式補間の誤差を表す式 (7.31) において $n = 1$ とし, $x_0 = 0$, $x_1 = h$ とすることで,

$$f(x) - p(x) = \frac{f''(\xi)}{2}x(x - h) \tag{11.5}$$

の関係が得られる. ここで ξ は区間 $[0, h]$ 内の値である. この関係を用いると

$$E(f) = \int_a^b \frac{f''(\xi)}{2}x(x - h)dx = \frac{f''(\xi)}{2} \times \frac{-h^3}{6} = -\frac{f''(\xi)}{12}h^3 \tag{11.6}$$

となる. これより, 区間幅が h の台形則の誤差は, h^3 に比例することが分かる.

 台形則は区間幅 h が十分に小さい場合には精度はよいが, 区間幅が広い場合には精度は十分ではない. そこで, 与えられた積分区間を複数の小区間に分割し, それぞれの区間に対して台形則を適用する.

 区間 $[a, b]$ を N 個の等間隔の小区間に分け,

$$a = x_0 < x_1 < \cdots < x_N = b \tag{11.7}$$

とする．$x_0, x_1, \ldots, x_N$ は**積分点** (integration point) と呼ばれる．これら
の点での関数値

$$f(x_0), f(x_1), \ldots, f(x_N) \tag{11.8}$$

を用いて，図 11.2 に示すように，各小区間の面積を台形で近似する．

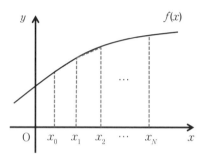

図 11.2　複合台形則

　小区間の幅は

$$h = \frac{b - a}{N} \tag{11.9}$$

で与えられ，積分点は

$$x_j = a + jh, \quad j = 0, 1, \ldots, N \tag{11.10}$$

となる．小区間の面積の台形による近似は，台形の面積の公式から，

$$\int_{x_j}^{x_{j+1}} f(x)dx \approx \frac{h}{2}(f(x_j) + f(x_{j+1})) \tag{11.11}$$

である．これを j が 0 から $N-1$ まで足し合わせた値を求め，これを
$C_N(f)$ と表すと，

$$C_N(f) = \left(\frac{1}{2}f(x_0) + f(x_1) + \cdots + f(x_{N-1}) + \frac{1}{2}f(x_N)\right)h \tag{11.12}$$

となる．このような方法は**複合台形則** (composite trapezoidal rule) と呼ばれる．複合台形則で定積分を計算するアルゴリズムを Algorithm 11.1 に示す．

Algorithm 11.1 複合台形則による $f(x)$ の定積分

---

input: $f(x)$, a, b, N

output: I

$h \leftarrow (b-a)/N$

$I \leftarrow f(a)/2$

for $j = 1, 2, \ldots, N-1$ **do**

$\quad I \leftarrow I + f(a + h \times j)$

end for

$I \leftarrow I + f(b)/2$

$I \leftarrow I \times h$

複合台形則の積分誤差は

$$C_N(f) - \int_a^b f(x)dx = \frac{h^3}{12}\sum_{i=1}^N f''(\xi_i) = \frac{h^2}{12}\cdot\frac{b-a}{N}\sum_{i=1}^N f''(\xi_i) \quad (11.13)$$

と表される．$f''(\xi) = (1/N)\sum_{i=1}^N f''(\xi_i)$ となる ξ が区間 $[a,b]$ に存在し，

$$C_N(f) - \int_a^b f(x)dx = \frac{h^3}{12}\sum_{i=1}^N f''(\xi_i) = \frac{(b-a)f''(\xi)}{12}h^2 \quad (11.14)$$

となる．これより，積分点数を増やしていくと，h^2 で積分の誤差は減少していくことが分かる．

　ある区間での関数の値が周期的に繰り返し現れる関数を**周期関数** (periodic function) という．$\sin x$ や $\cos x$ のような三角関数は周期関数の例である．

172

周期関数では，周期を p とすると

$$f(x) = f(x+p) \tag{11.15}$$

の関係が成り立つ．一周期分の積分

$$\int_a^{a+p} f(x)dx \tag{11.16}$$

に対して，きざみ幅 $h = p/N$ の複合台形則は

$$
\begin{aligned}
C_N(f) &= h\left(\frac{1}{2}f(x_0) + f(x_1) + \cdots + f(x_{N-1}) + \frac{1}{2}f(x_N)\right) \\
&= \frac{p}{N}\sum_{j=0}^{N-1} f(x_j)
\end{aligned}
\tag{11.17}
$$

は精度がよいことが知られている．

　複合台形公式の計算式を見ると，関数値 $f(x_j)$ に係数をかけて足し合わせる形をしている．これは，より一般的には

$$I_N(f) = \alpha_0 f(x_0) + \alpha_1 f(x_1) + \cdots + \alpha_N f(x_N) \tag{11.18}$$

のように表される．ここで $\alpha_0, \alpha_1, \ldots, \alpha_N$ は積分則の**重み** (weight) と呼ばれる．$N+1$ 個の積分点とそこでの関数値を用いて N 次の多項式補間を求めることができる．この補間多項式を $P_N(x)$ とする．$P_N(x)$ をラグランジュ補間を用いて表すと

$$P_N(x) = \sum_{j=0}^{N} w_j(x)f(x_j) \tag{11.19}$$

となる．ここで，

$$w_j(x) = \prod_{\substack{i=0 \\ i \neq j}}^{N}\left(\frac{x - x_i}{x_j - x_i}\right) \tag{11.20}$$

はラグランジュ補間係数関数である. $P_N(x)$ を区間 $[a,b]$ で積分すると

$$\int_a^b P_N(x)dx = \int_a^b \sum_{j=0}^N w_j(x)f(x_j)dx = \sum_{j=0}^N \left(\int_a^b w_j(x)dx\right)f(x_j)$$

(11.21)

を得る. ここで

$$\alpha_j = \int_a^b w_j(x)dx$$

(11.22)

とおくと, $P_N(x)$ の定積分 $I_N(f)$ は

$$I_N(f) = \sum_{j=0}^N \alpha_j f(x_j)$$

(11.23)

と表される. このように多項式補間を用いた積分法を**補間型積分則** (inter-polating quadrature rule) と呼ぶ.

積分点が等間隔点のとき, 補間型積分則の積分点は刻み幅を h として, 適当な左側の点 x_0 から h 刻みで点をとり,

$$x_j = x_0 + j \times h, \quad j = 0, 1, \ldots, N$$

(11.24)

で与えられる. これは**ニュートン・コーツ則** (Newton-Cotes rule) と呼ばれる.

区間 $[x_j, x_{j+2}]$ の**シンプソン則** (Simpson's rule) は

$$\int_{x_j}^{x_{j+2}} f(x)dx = \frac{h}{3}(f(x_j) + 4f(x_{j+1}) + f(x_{j+2}))$$

(11.25)

であるので, 偶数の N に対しての複合シンプソン則は

$$\int_a^b f(x)dx \approx \frac{h}{3}(f(x_0) + 4f(x_1) + 2f(x_2) + \cdots + 4f(x_{N-1}) + f(x_N))$$

(11.26)

となる.

174

補間型積分則では関数値に重み α_j をかけて足し合わせる．このとき，α_j の符号に正と負がまざると関数値がすべて正であっても積分の計算で桁落ちが起こりやすくなり，精度が落ちる．そのため，積分の重みがすべて正となるような積分の計算が望ましい．ニュートン・コーツ則では，N が大きくなると負の重みが表れるため，あまり大きな N を用いることは避けるべきである．

11.2　ガウス型積分則

積分点の配置には自由度があるため，うまく配置することで積分の精度を高くすることができる．**ガウス型積分則** (Gauss quadrature rule) は直交多項式の零点を積分点に用いる．$\varphi_N(x)$ をモニックな N 次の直交多項式とする．適当な重み関数 $w(x)$ を与えると，対応する直交多項式が得られる．この直交多項式の零点を $x_0, x_1, \ldots, x_N$ とし，これらの点における N 次の補間多項式を $p_N(x)$ とする．重み関数 $w(x)$ の定積分

$$I(f) = \int_a^b f(x)w(x)dx \tag{11.27}$$

に対して，補間型積分則

$$I_N(f) = \int_a^b p_N(x)w(x)dx = \sum_{j=0}^N \alpha_j f(x_j) \tag{11.28}$$

とする．ここで

$$\alpha_j = \int_a^b \prod_{\substack{i=0 \\ i \neq j}}^N \left(\frac{x - x_i}{x_j - x_i} \right) w(x)dx \tag{11.29}$$

である．

　どのような直交多項式を用いるかによって，**ガウス・ルジャンドル** (Gauss-Legendre)，**ガウス・ラゲール** (Gauss-Laguere)，**ガウス・チェビシェフ** (Gauss-Chebyshev) の積分則などがある．これらの積分則の積分点と重みは事前に計算しておき，数表として保持しておく．このとき，積分点と重みの計算は多くの場合には不安定であり，倍精度の積分点と重みを得るためには，4 倍精度や 8 倍精度などの高い精度での計算が必要となる．

11.3　特異性のある関数の積分

　関数が積分区間の端で無限大になるような特異性がある場合には，補間型積分則をそのまま適用できないことがある．たとえば

$$f(x) = \frac{1}{\sqrt{x}} \tag{11.30}$$

は，$x = 0$ において関数値が与えられず，積分区間が $[0, 1]$ のとき，これまで示した積分則が使えない．また，積分区間の端点が無限大の場合もそのままでは計算できない．

　求めたい積分を

$$I = \int_a^b f(x)dx \tag{11.31}$$

とする．積分において，変数変換

$$x = \varphi(t) \tag{11.32}$$

をほどこす．ここで，$\varphi(t)$ は

$$a = \varphi(-\infty), \quad b = \varphi(\infty) \tag{11.33}$$

を満たし，$(-\infty, \infty)$ において増加関数であるとする．このとき積分は

$$I = \int_{-\infty}^{\infty} f(\varphi(t))\varphi'(t)dt \tag{11.34}$$

となる．これに対して刻み幅 h の台形則を適用すると

$$T = h \sum_{k=-\infty}^{\infty} f(\varphi(kh))\varphi'(kh) \tag{11.35}$$

となる．この数値積分を $2N+1$ 項からなる有限和で近似すると

$$T_N = h \sum_{k=-N}^{N} f(\varphi(kh))\varphi'(kh) \tag{11.36}$$

と表される．

変換する関数 $\varphi(t)$ の選び方によっていろいろな積分則が導かれる．$\varphi(t)$ として変換した被積分関数

$$f(\varphi(t))\varphi'(t) \tag{11.37}$$

が，t が ± 無限大に近づいたときに，$\exp(-c\exp|t|)$ に比例して減衰するとき，性能が良いことが知られている．このような積分則を，**二重指数関数型積分公式**(double exponential formula, DE formula) と呼ぶ．

積分区間 $[-1, 1]$，$[0, \infty]$，$[-\infty, \infty]$ に対して，$\varphi(t)$ はそれぞれ

$$\varphi(t) = \tanh\left(\frac{\pi}{2}\sinh t\right), \tag{11.38}$$

$$\varphi(t) = \exp(\pi\sinh t), \tag{11.39}$$

$$\varphi(t) = \sinh\left(\frac{\pi}{2}\sinh t\right) \tag{11.40}$$

を用いる．

11.4 適応型の積分法

数値積分に対して，その誤差が与えられた許容誤差 ε 以下となる，すなわち，

$$\left|\hat{I} - \int_a^b f(x)dx\right| < \varepsilon \tag{11.41}$$

となるような積分 $\hat{I}$ を求めることを考える．与えられた関数に応じて積分区間の分割を行うことで必要な精度での積分を求める方法を**適応型積分法** (adaptive quadrature method) という．

積分の誤差を解析的に求めることは一般にはできないため，何らかの計算によってその誤差を見積もる．積分の誤差を見積もる方法として，異なる積分則を適用してその差を用いる方法や，区間を小さくして計算した値と比較する方法などが考えられる．

区間 $[a, b]$ に対する数値積分を $\hat{I}(a, b)$ とする．区間を二等分し，$c = (a + b)/2$ として $[a, c]$，$[c, b]$ に対して数値積分を求める．このとき，区間 $[a, b]$ での積分が十分な精度になっているとすると，区間幅が小さくなった $[a, c]$，$[c, b]$ でのそれぞれの積分値を足し合わせたものと近い値になると考えられ，

$$\hat{I}(a, b) \approx \hat{I}(a, c) + \hat{I}(c, b) \tag{11.42}$$

となる．しかし，この値の差が大きいときには区間幅はまだ十分に小さくないと判断し，さらに区間を二等分する．これを繰り返し，分割したときともとの値の差が十分に小さくなったときに，その区間の分割をやめる．これによって，始めに与えられた区間に対して，関数に応じて積分区間の幅を変えた複数の積分区間が得られる．

178

1. 補間型積分則の式 (11.23) において，$f(x) = 1$ として区間 $[a,b]$ での定積分を求めることで $\sum_{j=0}^{N} \alpha_j = b - a$ を示せ．

2. $x_0 = 0, x_1 = 1/2, x_2 = 1$ とし，これらを補間点とするラグランジュ補間多項式の区間 $[0,1]$ における定積分から，以下の積分則

$$I = \alpha_0 f(x_0) + \alpha_1 f(x_1) + \alpha_2 f(x_2) \tag{11.43}$$

の重み $\alpha_0, \alpha_1, \alpha_2$ を求めよ．ここでラグランジュ補間係数関数が式 (11.20) で与えられたとき，α_j は式 (11.22) で求められる．

3. 関数 $1, x, x^2$ の区間 $[0,1]$ における積分の近似値を台形則を用いて求めよ．また，シンプソン則の場合の値を求めよ．積分

$$\int_0^1 \frac{1}{1+x^2} dx = \frac{\pi}{4}$$

に対して台形則とシンプソン則を適用せよ．

4. 区間 $[-1,1]$ において，$x_0 = -1/\sqrt{3}, x_1 = 1/\sqrt{3}$ とする．x_0, x_1 を積分点とする積分則の重み α_0, α_1 を求めよ．この積分点と重みによる積分則を x^k, $k = 1, 2, 3$ に適用せよ．

12 | 常微分方程式の解法

《目標&ポイント》 時間に依存する物体の運動など，さまざまな現象が常微分方程式で表され，これを解くことで結果の予測や制御などが可能となる．ここでは最初の状態を与えて微分方程式の解がどのように変化するかを求める初期値問題の解法について説明する．

《キーワード》 常微分方程式，オイラー法，ルンゲ・クッタ法，硬い方程式

12.1 常微分方程式の初期値問題

　1 つの変数に関する導関数を含む方程式を**常微分方程式** (differential equation) という．1 階の常微分方程式は

$$\frac{du}{dt} = f(t, u(t)) \tag{12.1}$$

の形をしている．ここで t は独立変数，$f(t, u(t))$ は与えられた 2 変数の関数であり，$u(t)$ が求めようとする未知の関数である．

　このような微分方程式で，**初期条件** (initial condition) が与えられたとき，この問題を**初期値問題** (initial value problem) と呼ぶ．

　ここで，常微分方程式の例をいくつか挙げる．物体が重力の作用を受けて落下するとき，重力加速度を g とし，空気抵抗を ν とすると時間 t における速度 v は

$$\frac{dv}{dt} + \nu v = g \tag{12.2}$$

で表される．

　バクテリアなどの各個体が分裂を繰り返すことによって増える生物について，時間 t における個体数を n としたとき，増加率 dn/dt は n に比例すると仮定すると，その比例定数を μ とおいて

$$\frac{dn}{dt} = \mu n \tag{12.3}$$

で表される．同位元素は時間とともに一定の割合で崩壊していく．その変化率を dn/dt とすると，元素は減っていくためその比例定数は負となる．そこで，$\mu = -\gamma \, (\gamma > 0)$ とおくと

$$\frac{dn}{dt} = -\gamma n \tag{12.4}$$

が放射性物質の崩壊過程を表すことになる．ここで，γ は崩壊定数である．

　生物の増殖で個体数が増えると増殖率が低下することを考慮し，増殖率が $1 - n/K$ で変化するとみなすと，方程式は

$$\frac{dn}{dt} = \mu \left(1 - \frac{n}{K}\right) n \tag{12.5}$$

と表される．この方程式は**ロジスティック方程式**と呼ばれている．

　液体や気体などの中におかれた高温の固体が冷却される様子を表した法則として，ニュートンの冷却の法則がある．固体の表面積を S，時刻 t での温度を T，まわりの温度を c としたとき，

$$-C\frac{dT}{dt} = \alpha S(T - c) \tag{12.6}$$

の関係がある．ここで C は固体の熱容量である．初期条件として時刻 $t = 0$ での温度 $T(0)$ を与えてこれを解くことで，時刻 t での温度 $T(t)$ がわかる．

　2 種類の生物について，一方の生物がもう一方の生物をエサとする場合を考える．このとき，エサとなる方を被捕食者，エサとする方を捕食者

という．被捕食者の時刻 t における密度を $u_1(t)$，捕食者の密度を $u_2(t)$ とすると，これらの間には

$$\frac{d}{dt}u_1(t) = u_1(t)(1 - u_2(t))$$
$$\frac{d}{dt}u_2(t) = -u_2(t)(1 - u_1(t))$$

(12.7)

の関係がある．これはロトカ・ヴォルテラモデルである．これは 2 つの微分方程式で表される連立微分方程式である．ここで，

$$f_1(t, u_1, u_2) = u_1(1 - u_2)$$
$$f_2(t, u_1, u_2) = -u_2(1 - u_1)$$

(12.8)

とし，

$$\boldsymbol{f} = \left[\begin{array}{c} f_1(t, u_1, u_2) \\ f_2(t, u_1, u_2) \end{array} \right], \quad \boldsymbol{u}(t) = \left[\begin{array}{c} u_1(t) \\ u_2(t) \end{array} \right]$$

(12.9)

とおくと，式 (12.7) は

$$\frac{d}{dt}\boldsymbol{u}(t) = \boldsymbol{f}(t, \boldsymbol{u}(t))$$

(12.10)

と表すことができる．

一般に，n 個の変数を $u_1(t), u_2(t), \ldots, u_n(t)$ とすると，

$$\left\{ \begin{array}{l} \dfrac{d}{dt}u_1 = f_1(t, u_1, \ldots, u_n) \\ \dfrac{d}{dt}u_2 = f_2(t, u_1, \ldots, u_n) \\ \quad \vdots \\ \dfrac{d}{dt}u_n = f_n(t, u_1, \ldots, u_n) \end{array} \right.$$

(12.11)

のように表すことができる．ここで，

$$\boldsymbol{u}(t) = [u_1(t), u_2(t), \ldots, u_n(t)]^{\mathrm{T}}$$

(12.12)

とおき，初期条件として

$$\boldsymbol{u}_{(0)} = [u_1^{(0)}, u_2^{(0)}, \ldots, u_n^{(0)}]^{\mathrm{T}} \tag{12.13}$$

を与えると，初期値問題は

$$\frac{d}{dt}\boldsymbol{u}(t) = \boldsymbol{f}(t, \boldsymbol{u}(t)), \quad \boldsymbol{u}(t_0) = \boldsymbol{u}_{(0)} \tag{12.14}$$

のように表せる．

$m - 1$ 階の常微分方程式は，変数を

$$u_1 = u,\, u_2 = u',\, u_3 = u'', \ldots, u_m = u^{(m-1)} \tag{12.15}$$

とおくことで，m 変数の 1 階常微分方程式に帰着させることができる．

12.2　オイラー法とルンゲ・クッタ法

点 t において関数値 $u(t)$ が与えられたとき，$t+h$ における関数値 $u(t+h)$ を求めることを考える．微分 $\dfrac{du}{dt}$ を差分 $(u(t+h) - u(t))/h$ で置き換えると式 (12.1) は

$$\frac{u(t+h) - u(t)}{h} = f(t, u(t)) \tag{12.16}$$

と表せ，これより

$$u(t+h) = u(t) + hf(t, u(t)) \tag{12.17}$$

を得る．

$t = t_0$ において初期条件 u_0 が与えられたとき，

$$u_{k+1} = u_k + hf(t_k, u_k), \quad k = 0, 1, \ldots \tag{12.18}$$

によって順に計算することで時刻 t_k での $u(t_k)$ の近似値 u_k が得られる．これは**オイラー法** (Euler's method) と呼ばれる．このようにある点 t での値からその次の点 $t+h$ での値を求める方法を **1 段法**という．

　関数 $f(t, u)$ は十分に高い次数まで微分可能とする．このとき，$u' = f(t, u)$ の解 u に対して p 次のテイラー展開は

$$u(t+h) = u(t) + hu'(t) + \frac{h^2}{2}u''(t) + \cdots + \frac{h^p}{p!}u^{(p)}(t)$$
$$+ \frac{h^{p+1}}{(p+1)!}u^{(p+1)}(t+\theta h), \quad 0 < \theta < 1 \tag{12.19}$$

と表される．これより

$$u(t+h) = u(t) + hf(t, u) + \frac{h^2}{2}f'(t, u) + \cdots + \frac{h^p}{p!}f^{(p-1)}(t, u)$$
$$+ \frac{h^{p+1}}{(p+1)!}f^{(p)}(t+\theta h, u(t+\theta h)), \quad 0 < \theta < 1 \tag{12.20}$$

となる．ここで，

$$F(t, u) = f(t, u) + \frac{h}{2}f'(t, u) + \cdots + \frac{h^{p-1}}{p!}f^{(p-1)}(t, u)$$
$$+ \frac{h^p}{(p+1)!}f^{(p)}(t+\theta h, u(t+\theta h)) \tag{12.21}$$

とおくと，

$$u(t+h) = u(t) + hF(t, u) \tag{12.22}$$

と表される．

　テイラー展開を p 次で打ち切った式を

$$\tilde{F}(t, u) = f(t, u) + \frac{h}{2}f'(t, u) + \cdots + \frac{h^{p-1}}{p!}f^{(p-1)}(t, u) \tag{12.23}$$

とおき，

$$\tilde{u}(t+h) = u(t) + h\tilde{F}(t, u) \tag{12.24}$$

としたとき，

$$r(t) = h(\tilde{F}(t, u) - F(t, u)) \tag{12.25}$$

を**局所打ち切り誤差**という．$r(t)$ が $O(h^{p+1})$ のとき，近似解は h^p まで近似していることになり，この式は p 次であるという．オイラー法は 1 次のテイラー展開を用いている．一般に，より高次のテイラー展開を用いれば精度は高くなるが，高階の微分が必要となるため，あまり実用的とはいえない．

関数 $f(t, u)$ の高階の導関数を用いない方法としてルンゲ・クッタ法がある．区間 $t_n \leq t \leq t_{n+1}$ において適当な点 $t = t_n + \theta_i h$, $0 \leq \theta_i \leq 1$, $i = 1, 2, \ldots, k$ での $f(t, u)$ の値を用いる公式をテイラー展開を用いて導出する．このようにして得られる式として以下のようなものがある．

$$\begin{aligned}
k_1 &= hf(t_n, u_n) \\
k_2 &= hf(t_n + h, u_n + k_1) \\
u_{n+1} &= u_n + \frac{1}{2}(k_1 + k_2)
\end{aligned} \tag{12.26}$$

これはテイラー展開の h^2 の項まで一致するため，2 次の公式となる．

このような方法として以下のような 4 次の**ルンゲ・クッタ公式**(Runge-Kutta formula) がある．

$$\begin{aligned}
k_1 &= hf(t_n, u_n) \\
k_2 &= hf(t_n + \frac{1}{2}h, u_n + \frac{1}{2}k_1) \\
k_3 &= hf(t_n + \frac{1}{2}h, u_n + \frac{1}{2}k_2) \\
k_4 &= hf(t_n + h, u_n + k_3) \\
u_{n+1} &= u_n + \frac{1}{6}(k_1 + 2k_2 + 2k_3 + k_4)
\end{aligned} \tag{12.27}$$

　ここで示した，オイラー法やルンゲ・クッタ法では，u_{n+1} を計算する
とき，それ以前に求めた値を利用していた．このような方法は**陽的な方
法** (explicit method) と呼ばれる．これに対して，計算式の右辺にも求め
ようとする u_{n+1} が現れると，u_{n+1} を未知数とする方程式を解く必要が
ある．このように方程式を解くことで次の近似解が得られる方法を**陰的
な方法** (implicit method) と呼ぶ．陰的な方法は方程式を解くために計算
量が大きいが，次節で示す硬い方程式に対して有効である．

12.3　硬い方程式と陰的解法

　常微分方程式の中で，解きにくい問題として**硬い方程式** (stiff equation)
と呼ばれる問題がある．これは，解がゆっくりと変化する成分と急激に
変化する成分を含み，オイラー法や陽的なルンゲ・クッタ法では解を精
度よく求めることが困難な問題である．
　たとえば，次のような 2 変数の微分方程式を考える．

$$x' = 998x + 1998y$$
$$y' = -999x - 1999y \tag{12.28}$$

この解は

$$x = 4e^{-t} - 3e^{-1000t}$$
$$y = -2e^{-t} + 3e^{-1000t} \tag{12.29}$$

である．ここで，

$$A = \begin{bmatrix} 998 & 1998 \\ -999 & -1999 \end{bmatrix} \tag{12.30}$$

とすると，A の固有値は -1 と -1000 であり，この 2 つの値を係数とす
る $-t$ と $-1000t$ が指数として現れていることが分かる．

初期値を $x_0 = y_0 = 1$ とし，$h = 0.01$ としてオイラー法で x_1, y_1 を求めると，

$$x_1 = 1 + 0.01 \times (998 + 1998) = 30.96$$
$$y_1 = 1 + 0.01 \times (-999 - 1999) = -28.98$$
(12.31)

となる．これは，$x(0.01) = 3.9601$, $y(0.01) = -1.9800$ とは大きく異なっている．$k = 2, 3, \ldots$ と計算を進めると，これらの値は解からさらに大きく離れていく．h を小さくとると精度は改善されるが，所定の t までのステップ数が多くなり，結局，誤差の蓄積によって精度のよい解を求めることはできない．

硬い方程式を解くのに用いられる方法として，**後退オイラー法** (backward Euler's method) がある．この方法はオイラー法で現れる $f(t_k, u_k)$ を $k+1$ ステップ目の値 $f(t_{k+1}, u_{k+1})$ で置き換え，

$$u_{k+1} = u_k + hf(t_{k+1}, u_{k+1}), \quad k = 0, 1, \ldots$$
(12.32)

のようにする．

公式中で現れる刻み幅 h が公式によってどう変わるかを調べるテスト問題として，

$$u' = -\lambda u, \ u(0) = u_0$$
(12.33)

を考える．ここで $\lambda > 0$ とする．このとき，解は

$$u(t) = u_0 e^{-\lambda t}$$
(12.34)

となり，$t \to \infty$ のとき $u(t) \to 0$ である．この問題にオイラー法を適用すると，

$$u_{k+1} = u_k + hf(t_k, u_k)$$
$$= u_k - h\lambda u_k = (1 - h\lambda)u_k$$
(12.35)

である．これより $|1-h\lambda| < 1$ のとき，u_k は $k \to \infty$ のときに 0 に近づいていく．このとき，$-1 < 1-h\lambda < 1$ であり，したがって，$0 < h < 2/\lambda$ となるように h を選ぶ必要がある．λ が大きいときには，h を小さくする必要があることが分かる．このような h の範囲を**安定領域** (stable domain) という．

後退オイラー法では，

$$\begin{aligned} u_{k+1} &= u_k + hf(t_{k+1}, u_{k+1}) \\ &= u_k - h\lambda u_{k+1} \end{aligned} \tag{12.36}$$

より，

$$u_{k+1} = \frac{1}{1+h\lambda}u_k = \left(\frac{1}{1+h\lambda}\right)^{k+1} u_0 \tag{12.37}$$

となる．$h > 0$ のとき $|1/(1+h\lambda)| < 1$ となり，オイラー法のときのような h の上限は存在しない．

後退オイラー法を用いると，

$$\begin{aligned} x_1 &= x_0 + 0.01 \times (998x_1 + 1998y_1) \\ y_1 &= y_0 + 0.01 \times (-999x_1 - 1999y_1) \end{aligned} \tag{12.38}$$

となる．これより，連立一次方程式

$$\begin{bmatrix} -8.98 & -19.98 \\ 9.99 & 20.99 \end{bmatrix} \begin{bmatrix} x_1 \\ y_1 \end{bmatrix} = \begin{bmatrix} 1 \\ 1 \end{bmatrix} \tag{12.39}$$

を得る．これを解いて，$x_1 = 3.6877\cdots$，$y_1 = -1.7075\cdots$ が得られる．これらはオイラー法のときと比べて改善されていることが分かる．

後退オイラー法は t_k と t_{k+1} における値を用いており，これは 1 段法である．同様にして，2 段法や 3 段法なども導出できる．このような差分を用いた多段法は**後退差分公式** (backwards difference formula, BDF)，あ

るいは**ギア法** (Gear method) と呼ばれる．後退差分公式はステップ幅を大きくすることができ，硬い方程式に対して有効な方法とされている．

　一般に陰的な方法は，1 ステップごとに方程式を解くため計算量が多くなる．そのため，対象とする問題の性質が分からないときには，まず陽的な低次のルンゲ・クッタ法などを適用して，十分な精度で解けるかどうかを試してみるのがよい．刻み幅 h を非常に小さくとる必要がある場合には硬い方程式の可能性があるため，ギア法のような硬い方程式向けの方法を適用する．

演習問題 **12** ────────────────────────

1. $u' = t + u$, $u(0) = 1$ に対して，$h = 0.1$ としてオイラー法によっ
   て $u(0.1)$ および $u(0.2)$ の近似値を求めよ．なお，解析解は $u(t) = -t - 1 + 2e^t$ である．

2. 演習問題 12 の 1 において，オイラー法のかわりに式 (12.26) で与え
   られる公式を用い，$u(0.1)$ および $u(0.2)$ の近似値を求めよ．

3. $u' = t + u$, $u(0) = 1$ に対して，後退オイラー法を適用して $t = h$ で
   の u を示せ．$h = 0.1$ として後退オイラー法によって $u(0.2)$ の近似
   値を求めよ．

13 | 偏微分方程式と差分法

《**目標＆ポイント**》 熱や波の伝播，液体や気体の流れ，構造物の変形，電磁波の伝達，分子や原子の状態などの現象は偏微分方程式で表され，それを解くことでさまざまな現象の解明につながる．ここでは板に熱が伝わる現象を例にして，偏微分方程式の基本的な解法について説明する．

《**キーワード**》 偏微分方程式，ラプラス方程式，差分法，定常反復

13.1 偏微分方程式

現象を記述するための式として微分方程式が用いられるが，変数が2変数以上ではそれぞれの変数に対する微分が現れる．このような多変数の偏微分を含む方程式を**偏微分方程式** (partial differential equation, PDE) と呼ぶ．

3次元の問題で，x, y, z の3変数の関数 $u(x, y, z)$ を x について2回偏微分したものを

$$u_{xx} = \frac{\partial^2 u}{\partial x^2} \tag{13.1}$$

と表す．y や z についても同様に u_{yy} や u_{zz} のように表す．

偏微分の表記として

$$\nabla = \left(\frac{\partial}{\partial x}, \frac{\partial}{\partial y}, \frac{\partial}{\partial z} \right) \tag{13.2}$$

および

$$\Delta = \nabla^2 = \frac{\partial^2}{\partial x^2} + \frac{\partial^2}{\partial y^2} + \frac{\partial^2}{\partial z^2} \tag{13.3}$$

が用いられる．これを用いて

$$\Delta u = \frac{\partial^2 u}{\partial x^2} + \frac{\partial^2 u}{\partial y^2} + \frac{\partial^2 u}{\partial z^2} \tag{13.4}$$

のように表す．記号 ∇ を**ナブラ** (nabla) と呼び，Δ は**ラプラシアン** (Laplacian) と呼ぶ．ラプラシアンで表される方程式

$$\Delta u = f(\boldsymbol{x}) \tag{13.5}$$

は**ポアソン方程式** (Poisson's equation) と呼ばれる．ここで $\boldsymbol{x}$ は多次元の変数のベクトルを表す．とくに $f(\boldsymbol{x}) = 0$ のときには，この方程式を**ラプラス方程式** (Laplace's equation) と呼ぶ．ラプラシアンやナブラは多くの偏微分方程式で現れる．

　偏微分方程式としてよく現れるものに，**波動方程式** (wave equation) がある．これは

$$u_{tt} = c(u_{xx} + u_{yy} + u_{zz}) \tag{13.6}$$

で与えられる．ここで変数は時間 t と 3 次元空間を表す x, y, z の 4 つであり，c は定数である．また，**熱伝導方程式** (heat conduction equation) は

$$u_t = c(u_{xx} + u_{yy} + u_{zz}) \tag{13.7}$$

と表される．この方程式は**拡散方程式** (diffusion equation) とも呼ばれる．流体ではナビエ・ストークス方程式，電磁気ではマックスウェル方程式，量子力学ではシュレーディンガー方程式など，対象とする現象に応じた方程式がある．

　偏微分方程式を解くとき，初めの状態は**初期条件** (initial condition)，また，領域の端での状態は**境界条件** (boundary condition) と呼ばれる．境界条件としては，境界上での値を与える**ディリクレ条件** (Dirichlet condition) や境界の法線方向の微分を与える**ノイマン条件** (Neumann condition) などが用いられる．

13.2 有限差分法

　偏微分方程式は多くの場合，解析的に解を求めることはできないため，何らかの近似を用いて方程式を解く．偏微分を近似する方法として**有限差分法** (finite difference method, FDM) がある．また，関数を既知の関数の線形和で近似し，その線形和の係数を求める方法として，**ガレルキン近似** (Galerkin approximation) がある．とくにガレルキン近似で区分多項式を用いたものを**有限要素法** (finite element method, FEM) と呼ぶ．ここで区分多項式は，対象とする区間をいくつかの小区間に分け，それぞれの小区間で異なる多項式を用いて表した多項式のことである．

　ここでは，有限差分法について説明する．まず 1 次元の場合について考える．関数 $u(x)$ が 1 変数のとき，その変数 x についての微分を

$$\frac{\partial u}{\partial x} \approx \frac{u(x+h) - u(x)}{h} \tag{13.8}$$

のように差分で近似する．ここで h は適当な正の値である．1 次元のラプラシアンは差分を用いると

$$\Delta u = \frac{\partial^2 u}{\partial x^2} \approx \Delta_h u = \frac{u(x+h) - 2u(x) + u(x-h)}{h^2} \tag{13.9}$$

のように近似できる．

　区間 $0 \leq x \leq 1$ における 1 次元のラプラス方程式

$$\frac{\partial^2 u}{\partial x^2} = 0 \tag{13.10}$$

について，$h = 1/(m+1)$ として，

$$x_i = ih, \quad i = 0, 1, \ldots, m+1 \tag{13.11}$$

とする.

$u(x_i) = u_i$ とおき, ラプラシアンを差分で置き換えると, ラプラス方程式は

$$\frac{1}{h^2}(u_2 - 2u_1 + u_0) = 0$$
$$\frac{1}{h^2}(u_3 - 2u_2 + u_1) = 0$$
$$\vdots$$
$$\frac{1}{h^2}(u_{m+1} - 2u_m + u_{m-1}) = 0 \tag{13.12}$$

と表される. 両端の値 u_0 と u_{m+1} は境界条件として定数で与えられているとすると, $u_1, u_2, \ldots, u_m$ が未知数となり, これらを求めることで, 関数 $u(x)$ の $x_1, x_2, \ldots, x_m$ での値が得られる.

2 次元の場合には, x, y について 1 方向のみ変化するものとして, それぞれに 1 次元の差分を適用する. x 方向については

$$\frac{\partial^2 u}{\partial x^2} \approx \frac{u(x+h, y) - 2u(x, y) + u(x-h, y)}{h^2} \tag{13.13}$$

であり, y 方向については

$$\frac{\partial^2 u}{\partial y^2} \approx \frac{u(x, y+h) - 2u(x, y) + u(x, y-h)}{h^2} \tag{13.14}$$

となる. これよりラプラシアンの差分近似 $\Delta_h u$ は

$$\Delta_h u = \frac{1}{h^2}\big(u(x+h, y) + u(x-h, y) + u(x, y+h) + u(x, y-h) - 4u(x, y)\big) \tag{13.15}$$

となる.

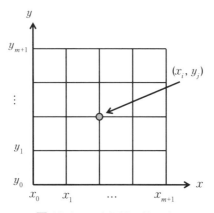

図 13.1　正方領域の格子点

　領域として $0 \leq x, y \leq 1$ とし，x 方向，y 方向をそれぞれ $m+1$ 等分する．図 13.1 で示すように，(x_i, y_j) は格子点上に配置される．

　$u(x_i, y_j)$ を u_{ij} とおくと，2 次元ラプラス方程式の差分による近似は

$$\frac{1}{h^2}(u_{i+1,j} + u_{i-1,j} + u_{i,j+1} + u_{i,j-1} - 4u_{ij}) = 0, \ 1 \leq i, j \leq m \quad (13.16)$$

となる．

　ここで，境界上の点 $u_{i0}, u_{i,m+1}, 0 \leq i \leq m+1$，および $u_{0j}, u_{m+1,j}, 0 \leq j \leq m+1$ は境界条件から値を決めることにする．これによって，$n = m^2$ 個の未知数 $u_{ij}, 1 \leq i, j \leq m$ に関する連立一次方程式が得られ，これを解くことで格子点上での解が得られる．

　3 次元問題でも同様に 3 次元空間上の格子点上の関数値を未知数として，方程式を求めることができる．このとき，未知数の数は $n = m^3$ 個となる．

13.3　定常反復法

　前節で得られた 2 次元問題の方程式 (13.16) を解く方法について説明する．これは連立一次方程式であるが，問題の規模が大きくなると反復によって解を求めることが多い．このような反復法として，**定常反復法** (stationary iterative method) がある．以下では，定常反復法について説明する．

　反復法で解くために，初期状態として未知数 $u_{11}, u_{21}, \ldots, u_{mm}$ に対して，値を適当に与える．これらは解ではないため，残差

$$r_{ij} = \frac{1}{h^2}(u_{i+1,j} + u_{i-1,j} + u_{i,j+1} + u_{i,j-1} - 4u_{ij}) \tag{13.17}$$

は 0 になっていない．式 (13.17) の右辺で，u_{ij} を $\hat{u}_{ij}$ に置き換えた値を $\hat{r}_{ij}$ とし，これが 0 となるような $\hat{u}_{ij}$ を求めることにする．このとき，

$$\hat{r}_{ij} = \frac{1}{h^2}(u_{i+1,j} + u_{i-1,j} + u_{i,j+1} + u_{i,j-1} - 4\hat{u}_{ij}) = 0 \tag{13.18}$$

である．これより，

$$\hat{u}_{ij} = \frac{u_{i+1,j} + u_{i-1,j} + u_{i,j+1} + u_{i,j-1}}{4} \tag{13.19}$$

となる．r_{ij} をすでに求めてあるときには，式 (13.17) より，

$$\hat{u}_{ij} = u_{ij} + \frac{h^2}{4}r_{ij} \tag{13.20}$$

と表せる．i, j について 1 から m までこの計算を行うことで $\hat{u}_{ij}$, $1 \leq i, j \leq m$ が得られる．得られた $\hat{u}_{ij}$ を新たに u_{ij} として同様の計算を繰り返す．この方法は**ヤコビ法** (Jacobi method) と呼ばれる．ラプラス方程式に対するヤコビ法を Algorithm 13.1 に示す．初期状態はたとえば $u_{ij} = 0$, $1 \leq i, j \leq m$ とする．

Algorithm 13.1 2次元ラプラス方程式の反復解法 (ヤコビ法)

---

input: 境界条件 $u_{00}, \ldots, u_{m+1,m+1}$, 初期状態 $u_{11}, \ldots, u_{mm}$

output: ラプラス方程式を満たす $\boldsymbol{u}$

repeat

  for $i = 1, 2, \ldots, m$ **do**

    for $j = 1, 2, \ldots, m$ **do**

      $r_{ij} \leftarrow \frac{1}{h^2}(u_{i+1,j} + u_{i-1,j} + u_{i,j+1} + u_{i,j-1} - 4u_{ij})$

    end for

  end for

  $u_{ij} \leftarrow u_{ij} + \frac{h^2}{4}r_{ij}, \, 1 \le i, j \le m$

until $\max_{i,j} |r_{ij}| \le \varepsilon$

---

u_{ij} の修正量 $(h^2/4)r_{ij}$ を求めたとき,すぐに u_{ij} を変更して $\hat{u}_{ij}$ とし,その後の計算では変更後の値を用いる方法は**ガウス・ザイデル法** (Gauss-Seidel method) と呼ばれる.ガウス・ザイデル法では u_{ij} の計算中に値が更新されるため,順に計算をしていく逐次処理を行う必要がある.そのかわり,新しい結果を用いるため早く解が得られる.

ガウス・ザイデル法において,u_{ij} を修正するときに r_{ij} に適当な係数 ω をかける方法は**逐次加速緩和法** (successive over-relaxation method, SOR method) と呼ばれる.ω の範囲は $0 < \omega < 2$ で問題に応じて設定する必要がある.$\omega = 1$ のときがガウス・ザイデル法である.

方程式 (13.12) を係数行列 A と右辺ベクトル $\boldsymbol{b}$ で表し,前節で示した反復解法を行列で表記する.区間 $0 \le x \le 1$ における 1 次元のラプラス問題で,$m = 4$ とした場合を考える.このとき,求めるべき値は u_1, u_2, u_3, u_4 であり,両端の u_0 および u_5 は境界条件から値が決まっているものとす

Algorithm 13.2 2次元ラプラス方程式の反復解法 (逐次加速緩和法)

　input: 境界条件 $u_{00}, \ldots, u_{m+1,m+1}$, 初期状態 $u_{11}, \ldots, u_{mm}$, 加速緩和係数 ω

　output: ラプラス方程式を満たす $\boldsymbol{u}$

　repeat

　　for $i = 1, 2, \ldots, m$ **do**

　　　for $j = 1, 2, \ldots, m$ **do**

　　　　$r_{ij} \leftarrow \frac{1}{h^2}(u_{i+1,j} + u_{i-1,j} + u_{i,j+1} + u_{i,j-1} - 4u_{ij})$

　　　　$u_{ij} \leftarrow u_{ij} + \omega \frac{h^2}{4} r_{ij}$

　　　end for

　　end for

　until $\max_{i,j} |r_{ij}| \leq \varepsilon$

る. 未知数に関するベクトルを

$$\boldsymbol{x} = [u_1, u_2, u_3, u_4]^{\mathrm{T}} \tag{13.21}$$

とする. 係数行列は

$$A = \begin{bmatrix} -2 & 1 & 0 & 0 \\ 1 & -2 & 1 & 0 \\ 0 & 1 & -2 & 1 \\ 0 & 0 & 1 & -2 \end{bmatrix} \tag{13.22}$$

となる. 右辺ベクトルを

$$\boldsymbol{b} = [-u_0, 0, 0, -u_5]^{\mathrm{T}} \tag{13.23}$$

とおくと, 式 (13.12) は

$$A\boldsymbol{x} = \boldsymbol{b} \tag{13.24}$$

と表される.

2次元のときには，式 (13.16) に対応した係数行列が得られる．$m = 3$ の場合を具体的に示すと係数行列 A は以下のようになる．

$$
A = \begin{bmatrix}
-4 & 1 & & 1 & & & & & \\
1 & -4 & 1 & & 1 & & & & \\
& 1 & -4 & & & 1 & & & \\
1 & & & -4 & 1 & & 1 & & \\
& 1 & & 1 & -4 & 1 & & 1 & \\
& & 1 & & 1 & -4 & & & 1 \\
& & & 1 & & & -4 & 1 & \\
& & & & 1 & & 1 & -4 & 1 \\
& & & & & 1 & & 1 & -4
\end{bmatrix}. \tag{13.25}
$$

ここで，値が表記されていない要素はすべて 0 である．

未知数に関するベクトルは

$$
\boldsymbol{x} = [u_{11}, u_{21}, u_{31}, u_{12}, u_{22}, u_{32}, u_{13}, u_{23}, u_{33}]^{\mathrm{T}} \tag{13.26}
$$

であり，右辺ベクトル $\boldsymbol{b}$ は

$$
\boldsymbol{b} = -[u_{10} + u_{01}, u_{20}, u_{30} + u_{41}, u_{02}, 0, u_{42}, u_{03} + u_{14}, u_{24}, u_{43} + u_{34}]^{\mathrm{T}} \tag{13.27}
$$

となる．

行列 A を正則な行列 M と行列 N を用いて

$$
A = M + N \tag{13.28}
$$

と表す．このとき，

$$
A\boldsymbol{x} = (M + N)\boldsymbol{x} = \boldsymbol{b} \tag{13.29}
$$

であることから，$N\boldsymbol{x}$ を右辺に移項して

$$M\boldsymbol{x} = -N\boldsymbol{x} + \boldsymbol{b} \tag{13.30}$$

とする．これより，

$$\boldsymbol{x} = -M^{-1}N\boldsymbol{x} + M^{-1}\boldsymbol{b} \tag{13.31}$$

となる．適当なベクトル $\boldsymbol{x}^{(k)}$ を与えたときに

$$\boldsymbol{x}^{(k+1)} = -M^{-1}N\boldsymbol{x}^{(k)} + M^{-1}\boldsymbol{b} \tag{13.32}$$

によって次のベクトル $\boldsymbol{x}^{(k+1)}$ を求めることにする．

　A の対角部分を取りだした行列を D とし，$M = D$ とすると

$$\boldsymbol{x}^{(k+1)} = -D^{-1}(A - D)\boldsymbol{x}^{(k)} + D^{-1}\boldsymbol{b} \tag{13.33}$$

となる．D は対角行列のため D^{-1} の計算は容易で，$D = \mathrm{diag}(d_1, d_2, \ldots, d_n)$ のとき，

$$D^{-1} = \mathrm{diag}(d_1^{-1}, d_2^{-1}, \ldots, d_n^{-1}) \tag{13.34}$$

である．この方法はヤコビ法と一致する．

　行列 A を，狭義下三角行列 L，狭義上三角行列 U，対角行列 D によって

$$A = L + D + U \tag{13.35}$$

と表す．ここで**狭義下三角行列** (strictly lower triangular matrix)，および**狭義上三角行列** (strictly upper triangular matrix) は，それぞれ対角部分が 0 となる下三角行列と上三角行列である．これを用いて

$$M = L + D \tag{13.36}$$

とする．このとき，反復法は

$$\boldsymbol{x}^{(k+1)} = -(L + D)^{-1}U\boldsymbol{x}^{(k)} + (L + D)^{-1}\boldsymbol{b} \tag{13.37}$$

と表される．これはガウス・ザイデル法に一致する．

13.4 時間発展のある方程式

時間依存性のある方程式として，ここでは熱伝導方程式について説明する．時間刻み幅を δ として t に関する微分を差分で近似すると，熱伝導方程式 (13.7) は，

$$\frac{u(\boldsymbol{x}, t+\delta) - u(\boldsymbol{x}, t)}{\delta} = \Delta_h u(\boldsymbol{x}, t) \tag{13.38}$$

となる．これより，時刻 t での関数値 $u(\boldsymbol{x}, t)$ から時刻 $t+\delta$ での関数値が以下のようにして求められる．

$$u(\boldsymbol{x}, t+\delta) = u(\boldsymbol{x}, t) + \delta \Delta_h u(\boldsymbol{x}, t). \tag{13.39}$$

初期値 $u(\boldsymbol{x}, 0)$ が与えられると，格子点上での関数値を求めることができる．

初期値を $u^{(0)}$ として，時刻の k ステップ目での値を $u^{(k)}$ としたとき，$k+1$ ステップ目の値は

$$u^{(k+1)} = u^{(k)} + \sigma A u^{(k)} \tag{13.40}$$

によって求めることができる．ここで，$\sigma = \delta/h^2$ である．$M = I + \sigma A$ とおくと

$$u^{(k+1)} = M u^{(k)}, \, k = 0, 1, \ldots \tag{13.41}$$

と表される．

1次元のラプラス方程式の場合，行列 M の対角要素は $1 - 2\sigma$ となる．式 (13.41) において，$\sigma \leq 1/2$ のとき，M を何度もかけたときに誤差が拡大しないことが知られている．このとき

$$\delta \leq \frac{h^2}{2} \tag{13.42}$$

となる．したがって，空間方向の格子の幅 h を決めると，時間方向の刻み幅 δ も上限が決まり，それ以上大きな刻み幅にすると計算が不安定になる．2 次元以上の場合にも係数は異なるが，安定に計算するための δ は h に依存して決まる．

より長い時間を計算する場合や，常微分方程式の硬い問題のように時間方向の刻み幅 δ が大きくとれない問題の場合には，u を含む方程式を解くことで次の時刻の u を求める陰的な方法が考えられる．このような方法として**クランク・ニコルソン法**(Crank-Nicolson method) がある．クランク・ニコルソン法では，ラプラシアンの差分近似において，時刻 $k+1$ と k の平均値を用いて

$$\frac{u^{(k+1)} - u^{(k)}}{\delta} = \frac{\Delta_h u^{(k+1)} + \Delta_h u^{(k)}}{2} \tag{13.43}$$

とする．この場合には，$u^{(k+1)}$ を未知数とする方程式を解くことになる．

1. $f(x,y) = x^2 + 2xy + y^2$ に対して偏微分 f_x, f_y, f_{xx}, f_{yy} を求めよ.

2. 1次元のラプラス方程式 (13.12) において $m = 3$ とし，両端の値 u_0, u_4 は定数としたとき，これより得られる未知数 u_1, u_2, u_3 に関する連立一次方程式を示せ.

3. 図 13.1 に示す 2 次元領域において $m = 2$ としたとき，2 次元ラプラス方程式から得られる連立一次方程式を示せ．ここで，境界上の値は定数とする.

4. 1 変数 $u(x)$ に対する差分から，式 (13.22) を示せ．この行列 A の固有値を三重対角行列の固有値の式 (9.12) を用いて示せ.

14 疎行列の計算法

《**目標＆ポイント**》 シミュレーションなどを行うとき，行列の要素の多くが 0 となるような疎行列が現れることが多い．このような疎行列の効率的なデータ表現方法や計算法について説明する．また，疎行列を係数行列とする連立一次方程式の解法について紹介する．

《**キーワード**》 疎行列，行列ベクトル積，共役勾配法，前処理

14.1 疎行列の表現と演算

行列の要素の中で 0 でない要素を**非零要素** (nonzero element) という．要素の多くが 0 となる疎行列では，その性質を利用して行列を用いた演算や要素を保存するメモリーを削減する．どの程度の要素が 0 のとき疎行列とみなすかは，対象とする問題や用いる計算法に依存する．

行列の非零要素のみを保持するデータの形式として，**CRS 形式** (compressed row strage format)，あるいは **CSR 形式** (compressed sparse row format) と呼ばれる方法がある．この形式では，行列の要素を行方向に順にみて，非零要素だけを取りだして並べる．

行列の非ゼロ要素を列方向に格納する形式は，**CCS 形式** (compressed column storage format) と呼ぶ．この形式は，**CSC 形式** (compressed sparse column format)，あるいは**ハウエル・ボーイング形式** (Harwell-Boeing format) とも呼ばれている．CCS 形式は A^T に対する CRS 形式とみることができる．

　ここでは CRS 形式について説明するが，CCS 形式も行方向か列方向かの違いだけで基本的には同様である．非零要素だけ並べてもそれが行列のどの位置にあるか判らないため，その対応関係を示す値も同時に保持する必要がある．CRS 形式では非零要素を格納するベクトル，列のインデックスを格納するベクトル，各行の要素が何番目から格納されているかを示すベクトルの 3 つのベクトルを用いる．

　例として行列 A が

$$A = \begin{bmatrix} 5 & 0 & 0 & -1 & 0 \\ 0 & 3 & 9 & 0 & 0 \\ 0 & 0 & 1 & 0 & 8 \\ 0 & -2 & 0 & 5 & 0 \\ -3 & 0 & 0 & 2 & -1 \end{bmatrix} \tag{14.1}$$

の場合を考える．この例では，$n = 5$ で非零要素数は 11 である．

　行列の要素を第 $(1,1)$ 要素から行方向に順にみて，0 でない要素だけを順に取り出す．これを行ベクトル a に格納する．このとき，

$$a = [5, -1, 3, 9, 1, 8, -2, 5, -3, 2, -1] \tag{14.2}$$

となる．

　ベクトル a の成分がそれぞれどの列にあるかを示すためにベクトル c にその列番号を入れると，

$$c = [1, 4, 2, 3, 3, 5, 2, 4, 1, 4, 5] \tag{14.3}$$

のようになる．

　また，各行の最初の非零要素が a と c のどこから入っているかを示すために，その成分の位置をベクトル r に格納する．この例では，1 行目は 1 番目から，2 行目は 3 番目から入っているため，以下のようになる．

$$r = [1, 3, 5, 7, 9, 12] \tag{14.4}$$

最後の数値 12 は，非零要素数に 1 を足したもので，これを入れておくと行列とベクトルの積の計算などで都合がよい．

行列 A が密行列のとき，行列とベクトルの積 $y = Ax$ を求める式は

$$y_i = \sum_{j=1}^{n} a_{ij} x_j, \quad i = 1, 2, \ldots, n \tag{14.5}$$

と表される．A が疎行列のときには，a_{ij} が 0 でない場合だけこの計算を行う．行列 A の要素が CRS 形式で与えられているときのアルゴリズムを Algorithm 14.1 に示す．

Algorithm 14.1 CRS 形式の行列ベクトル積 $y = Ax$ の計算

---

input: A, x

output: y

for $i = 1, 2, \ldots, n$ **do**

  $y_i \leftarrow 0$

  for $j = r_i, r_i + 1, \ldots, r_{i+1} - 1$ **do**

    $y_i \leftarrow y_i + a_j \times x_{c_j}$

  end for

end for

転置行列 A^{T} とベクトルの積を計算するときには，A の列方向に並んだ要素が必要となる．しかし，CRS 形式では行方向にデータが格納されているため，そのままでは効率が悪い．そのため，ループを入れ替えて A の行方向に要素をみて計算ができるようにする．アルゴリズムを Algorithm 14.2 に示す．

行列 A が対称なときには，対角要素以外は $a_{ij} = a_{ji}$ となるので，a_{ij}

Algorithm 14.2 CRS 形式の行列ベクトル積 $y = A^{\mathrm{T}}x$ の計算

input: A, x

output: y

for $i = 1, 2, \ldots, n$ do

  $y_i \leftarrow 0$

end for

for $j = 1, 2, \ldots, n$ do

  for $i = r_j, r_j + 1 \ldots, r_{j+1} - 1$ do

    $y_{c_i} \leftarrow y_{c_i} + a_i \times x_j$

  end for

end for

があれば a_{ji} はメモリーに保存しておく必要はない．そのため行列の対角から左下の要素のみを保持することにすると要素を格納するためのメモリーを節約することができる．

14.2 共役勾配法

ここでは，行列 A が疎行列であるとして，連立一次方程式

$$Ax = b \tag{14.6}$$

を解く**非定常反復法** (nonstationary iterative method) について示す．係数行列 $A \in \mathbb{R}^{n \times n}$ は対称で，正定値であるとする．このような行列に対する非定常反復法として**共役勾配法** (conjugate gradient method, CG method) がある．

A が正定値のとき，任意の零でないベクトル v に対して

$$(v, Av) = v^{\mathrm{T}} Av > 0 \tag{14.7}$$

が成り立つ. この性質は共役勾配法の導出過程で利用される.

ベクトル u に対して, 関数 $F(u)$ を

$$
\begin{aligned}
F(u) &= \frac{1}{2}(u - x, A(u - x)) \\
&= \frac{1}{2}(u, Au) - (u, b) + \frac{1}{2}(x, Ax)
\end{aligned}
\tag{14.8}
$$

とおく. 解 x について, $F(x) = 0$ である. 行列 A の正定値性から u が解でなければ $F(u) > 0$ となるため, $F(u)$ を最小とする u を求めることで, 解 x を得る.

任意の初期解 x_0 から出発して反復を行い, 近似解の列を求める. 第 k 近似解を x_k, 修正方向を p_k とし, 第 $(k+1)$ 近似解 x_{k+1} は漸化式

$$
x_{k+1} = x_k + \alpha_k p_k
\tag{14.9}
$$

によって計算する. 第 k 近似解 x_k に対応する残差を $r_k = b - Ax_k$ とする. 式 (14.8) に (14.9) を代入して展開すると, 関数 $F(x_{k+1})$ は

$$
\begin{aligned}
F(x_{k+1}) &= F(x_k + \alpha_k p_k) \\
&= \frac{1}{2}\alpha_k^2(p_k, Ap_k) - \alpha_k(p_k, r_k) + F(x_k)
\end{aligned}
\tag{14.10}
$$

と表される. α_k^2 の係数は正であり, 関数 $F(x_{k+1})$ が最小になるような α_k を求めると

$$
\alpha_k = \frac{(p_k, r_k)}{(p_k, Ap_k)}
\tag{14.11}
$$

となる. また, 残差 r_{k+1} は式 (14.9) を用いると,

$$
r_{k+1} = b - Ax_{k+1} = r_k - \alpha_k Ap_k
\tag{14.12}
$$

と表される.

共役勾配法では，修正方向 $\boldsymbol{p}_{k+1}$ は漸化式

$$\boldsymbol{p}_{k+1} = \boldsymbol{r}_{k+1} + \beta_k \boldsymbol{p}_k \tag{14.13}$$

によって計算する．ただし，$\boldsymbol{p}_0 = \boldsymbol{r}_0$ とする．漸化式 (14.13) 中の β_k は，

$$(\boldsymbol{p}_{k+1}, A\boldsymbol{p}_k) = 0 \tag{14.14}$$

を満たすように決めると

$$\beta_k = -\frac{(\boldsymbol{r}_{k+1}, A\boldsymbol{p}_k)}{(\boldsymbol{p}_k, A\boldsymbol{p}_k)} \tag{14.15}$$

となる．

以上のように残差，および修正方向を決定すると，残差は

$$(\boldsymbol{r}_i, \boldsymbol{r}_j) = 0, \quad i \neq j \tag{14.16}$$

を満たし，修正方向は

$$(\boldsymbol{p}_i, A\boldsymbol{p}_j) = 0, \quad i \neq j \tag{14.17}$$

を満たす．

式 (14.16), (14.17) の関係を用いると α_k，および β_k はそれぞれ，

$$\alpha_k = \frac{(\boldsymbol{r}_k, \boldsymbol{r}_k)}{(\boldsymbol{p}_k, A\boldsymbol{p}_k)}, \quad \beta_k = \frac{(\boldsymbol{r}_{k+1}, \boldsymbol{r}_{k+1})}{(\boldsymbol{r}_k, \boldsymbol{r}_k)} \tag{14.18}$$

と表すことができる．$\|\boldsymbol{r}_{k+1}\|_2^2 = (\boldsymbol{r}_{k+1}, \boldsymbol{r}_{k+1})$ は反復の過程で残差ベクトルの大きさを調べるために計算するため，その値を漸化式に利用すると内積の回数を節約することができる．

反復は適当な小さな値 ε について，$\|\boldsymbol{r}_{k+1}\|_2$ が $\|\boldsymbol{r}_{k+1}\|_2 \leq \varepsilon \|\boldsymbol{b}\|_2$ を満足したら停止する．共役勾配法のアルゴリズムは Algorithm 14.3 のようになる．

Algorithm 14.3 共役勾配法

---

input: x_0, ε

$r_0 \leftarrow b - Ax_0$

$p_0 \leftarrow r_0$

for $k = 0, 1, \ldots,$ **do**

$\quad \alpha_k \leftarrow \dfrac{(r_k, r_k)}{(p_k, Ap_k)}$

$\quad x_{k+1} \leftarrow x_k + \alpha_k p_k$

$\quad r_{k+1} \leftarrow r_k - \alpha_k Ap_k$

$\quad$ **if** $\|r_{k+1}\|_2 \leq \varepsilon \|b\|_2$ **then**

$\qquad$ **break**

$\quad$ **end if**

$\quad \beta_k \leftarrow \dfrac{(r_{k+1}, r_{k+1})}{(r_k, r_k)}$

$\quad p_{k+1} \leftarrow r_{k+1} + \beta_k p_k$

end for

　共役勾配法の計算で計算量が多いのは行列とベクトルの積の計算である．アルゴリズム中で Ap_k が何度か現れるが，これは 1 度計算したらベクトルとして保持しておく．したがって 1 回反復ごとに行列とベクトルの積が 1 回現れることになる．A が疎行列で 1 行あたりの非ゼロ要素数が m のとき，その要素が 0 でないときだけ計算を行うような工夫をすると，Ap_k で現れる積の回数は mn となる．

　共役勾配法は，残差ベクトル r_k の直交性から理論的には高々 n 回で収束する．また，$A = I + B$ と表され，B の階数が m のとき，共役勾配法は高々 $(m+1)$ 回の反復で収束する．ただし，実際には計算誤差のために理論的な反復回数では収束しない．また，大規模な行列では n は非常に大きくなり，実用上は n よりも大幅に少ない回数で解に近づいてい

210

くことが求められる.

ここで

$$\|\boldsymbol{u}\|_A = \sqrt{\boldsymbol{u}^{\mathrm{T}} A \boldsymbol{u}} \tag{14.19}$$

とし，A の条件数を $\kappa = \|A\|_2 \|A^{-1}\|_2$ とすると，共役勾配法の収束について以下の関係がある.

$$\|\boldsymbol{x}_k - \boldsymbol{x}\|_A \le 2 \left(\frac{\sqrt{\kappa}-1}{\sqrt{\kappa}+1} \right)^k \|\boldsymbol{x}_0 - \boldsymbol{x}\|_A. \tag{14.20}$$

行列 A の条件数が大きいときには，

$$\left(\frac{\sqrt{\kappa}-1}{\sqrt{\kappa}+1} \right) \approx 1 \tag{14.21}$$

となり，収束が遅くなることが分かる.

14.3　前処理法

共役勾配法をそのまま適用すると，収束速度が遅く多くの反復回数を要したり，残差が小さくならず解が得られない場合がある.そこで，行列 A に対して適当な行列をかけて収束性を改善する.このように行列を変形することを**前処理** (precondition) といい，このとき用いる行列を**前処理行列**という.

行列 C は正定値対称であるとする.方程式に C^{-1} を左からかけて

$$C^{-1} A \boldsymbol{x} = C^{-1} \boldsymbol{b} \tag{14.22}$$

を解くことにする.このとき，$C^{-1}A$ は対称とは限らないため，そのまま共役勾配法を適用することができない.

ここで，内積 $(\cdot,\cdot)_C$ を

$$(\boldsymbol{x}, \boldsymbol{y})_C = (\boldsymbol{x}, C\boldsymbol{y}) \tag{14.23}$$

とする．このとき任意の n 次元ベクトル $\boldsymbol{u} \neq \boldsymbol{0}$ について

$$(C^{-1}A\boldsymbol{u}, \boldsymbol{u})_C = (\boldsymbol{u}, C^{-1}A\boldsymbol{u})_C > 0 \tag{14.24}$$

となり，$C^{-1}A$ は内積 $(\cdot, \cdot)_C$ に関して正定値対称となる．この内積を用いて $C^{-1}A\boldsymbol{x} = C^{-1}\boldsymbol{b}$ に対して共役勾配法を適用する．

このとき得られる残差ベクトルを

$$\tilde{\boldsymbol{r}}_k = C^{-1}\boldsymbol{b} - C^{-1}A\boldsymbol{x}_k = C^{-1}\boldsymbol{r}_k \tag{14.25}$$

とすると，

$$
\begin{aligned}
(\tilde{\boldsymbol{r}}_k, \tilde{\boldsymbol{r}}_k)_C &= (C^{-1}\boldsymbol{r}_k, C^{-1}\boldsymbol{r}_k)_C \\
&= (C^{-1}\boldsymbol{r}_k, \boldsymbol{r}_k)
\end{aligned} \tag{14.26}
$$

となる．このような関係を用いると，漸化式中に現れる α_k，および β_k は

$$\alpha_k = \frac{(C^{-1}\boldsymbol{r}_k, \boldsymbol{r}_k)}{(\boldsymbol{p}_k, A\boldsymbol{p}_k)}, \quad \beta_k = \frac{(C^{-1}\boldsymbol{r}_{k+1}, \boldsymbol{r}_{k+1})}{(C^{-1}\boldsymbol{r}_k, \boldsymbol{r}_k)} \tag{14.27}$$

で求めることができる．ここで，

$$\boldsymbol{z}_k = C^{-1}\boldsymbol{r}_k \tag{14.28}$$

とおく．これより，Algorithm 14.4 に示すような前処理付き共役勾配法が得られる．

前処理行列 C を求める方法として，**不完全コレスキー分解** (incomplete Cholesky decomposition) がある．これは A のコレスキー分解を完全には行わず，一部の要素だけ計算して LL^{T} を求める．ここで，L は下三角行列である．A と LL^{T} は完全には一致しないため

$$A = LL^{\mathrm{T}} + R \tag{14.29}$$

Algorithm 14.4 前処理付き共役勾配法

---

input: $A,\ b,\ x_0$

$r_0 \leftarrow b - Ax_0$

$z_0 \leftarrow C^{-1}r_0$

$p_0 \leftarrow z_0$

for $k = 0, 1, \ldots,$ do

　$\alpha_k \leftarrow \dfrac{(z_k, r_k)}{(p_k, Ap_k)}$

　$x_{k+1} \leftarrow x_k + \alpha_k p_k$

　$r_{k+1} \leftarrow r_k - \alpha_k Ap_k$

　if $\|r_{k+1}\|_2 \leq \varepsilon \|b\|_2$ then

　　break

　end if

　$z_{k+1} \leftarrow C^{-1}r_{k+1}$

　$\beta_k \leftarrow \dfrac{(z_{k+1}, r_{k+1})}{(z_k, r_k)}$

　$p_{k+1} \leftarrow z_{k+1} + \beta_k p_k$

end for

のように表される. R は A と LL^{T} の差を表す.

適当なインデックス (i,j) の集合 S を与え, $(i,j) \in S$ のときだけ L の (i,j) 要素 l_{ij} を計算し, それ以外は $l_{ij} = 0$ とする. 集合 S として,

$$S = \{(i,j) \mid a_{ij} \neq 0\} \tag{14.30}$$

とする方法がよく用いられる. ここで a_{ij} は A の (i,j) 要素であり, この場合には A の要素が 0 でないところだけ L の要素を計算していることになる.

この不完全に分解した行列を用いて前処理行列を $C = LL^{\mathrm{T}}$ とする.

このようにして前処理行列を生成したとき，前処理付き共役勾配法のアルゴリズムでは各ステップで連立一次方程式 $(LL^{\mathrm{T}})z_{k+1} = r_{k+1}$ を解く必要がある．行列 L が下三角行列であるため，この連立一次方程式は前進代入と後退代入によって解くことができる．まず，未知ベクトル y_{k+1} を $y_{k+1} = L^{\mathrm{T}}z_{k+1}$ とおき，連立一次方程式

$$Ly_{k+1} = r_{k+1} \tag{14.31}$$

を前進代入によって解く．次に，得られたベクトル y_{k+1} を右辺にもつ連立一次方程式

$$L^{\mathrm{T}}z_{k+1} = y_{k+1} \tag{14.32}$$

を後退代入で解くことにより，z_{k+1} を求めることができる．ただし，L も疎行列であり，これらの計算は L の要素が 0 でないところだけ実行する．

　不完全コレスキー分解の計算において，途中で非常に小さな値による除算が発生する場合には，それを避けるために適当な値 σ を用いて行列 A のかわりに $A + \sigma\,\mathrm{diag}(A)$ を不完全コレスキー分解し，それを前処理行列として用いる．ここで $\mathrm{diag}(A)$ は A の対角要素をもつ対角行列を表す．

　行列 C は A の逆行列に近いほど前処理としての効果が高い．式 (14.28) において，

$$z_k \approx A^{-1}r_k \tag{14.33}$$

と考え，A を係数行列とする方程式を近似的に解くことで z_k を求める方法が考えられる．そのため，係数行列を A，右辺ベクトルを r_k として，たとえばヤコビ法のような反復法を適用して数回程度反復し，得られた解を z_k とすることで，前処理とする方法も考えられる．

　共役勾配法の導出では係数行列 A の対称性を用いていた．そのため，A が対称でない場合は，共役勾配法を適用することができない．非対称行列

を係数行列にもつ連立一次方程式に対しては，**双共役勾配法** (biconjugate gradient method, BiCG method) がある．この他にも，**自乗共役勾配法** (Conjugate Gradient Squared method, CGS method) や **BiCGSTAB 法** (Bi-Conjugate Gradient Stabilized method) などの多くの種類の反復法が提案されている．また，前処理法も数多くの種類が提案されている．これらの方法は，問題として与えられた行列の性質によって適した方法が異なる．そのため，解こうとする問題に対してどの方法がよいか，あらかじめ比較検討をするとよい．

演習問題 14

1. 式 (13.22)，および式 (13.25) で表される行列について，それぞれ CRS 形式を示せ．

2. 3 次の正方行列 A が CRS 形式によって

$$\boldsymbol{a} = [2, -1, -1, 2, -1, -1, 2], \ \boldsymbol{c} = [1, 2, 1, 2, 3, 2, 3], \ \boldsymbol{r} = [1, 3, 6, 8]$$
$$(14.34)$$

で与えられるとき，A を密行列の形で示せ．この CRS 形式を用いて，ベクトル $\boldsymbol{x} = [-1, 0, 1]^{\mathrm{T}}$ に対して行列とベクトルの積を計算し，その過程を示せ．

3. 共役勾配法において，α_k, β_k が

$$\alpha_k = \frac{(\boldsymbol{p}_k, \boldsymbol{r}_k)}{(\boldsymbol{p}_k, A\boldsymbol{p}_k)}, \ \beta_k = -\frac{(\boldsymbol{r}_{k+1}, A\boldsymbol{p}_k)}{(\boldsymbol{p}_k, A\boldsymbol{p}_k)} \quad (14.35)$$

となることを示せ．

4. 式 (14.24) の関係を示せ．

15 | スーパーコンピュータによる数値計算

《**目標＆ポイント**》 理論や実験による科学の手法に対して，コンピュータによる計算によって現象の解明や予測を行う分野を計算科学という．このとき現れる計算は大規模になることが多く，スーパーコンピュータが用いられる．ここでは，スーパーコンピュータを用いた高速な計算がどのようにして行われるのか基礎的な内容について説明する．

《**キーワード**》 逐次計算と並列計算，速度向上率，アムダールの法則，分散処理

15.1 大規模計算とスーパーコンピュータ

　科学技術計算などで膨大な計算が必要なときには**スーパーコンピュータ** (supercomputer) が用いられる．スーパーコンピュータの定義はコンピュータの技術の発展とともに変化しているが，一般には計算性能が非常に高いコンピュータのことを指す．

　コンピュータの性能を示す指標の一つに**フロップス** (FLOPS) がある．これは，floating-point operations per second の略で，1秒間に浮動小数点数演算が何回できるかを表す．1つのプロセッサの性能を高めるのは限界があるため，複数のプロセッサを同時に用いて演算性能を高める．このように，同時に計算を行うことを**並列計算** (parallel computing) という．

　いま，処理すべき仕事 W が与えられたとき，$A \sim D$ の4名でこの仕事を行うことを考える．図 15.1 に示すように，仕事を4つに分割し，

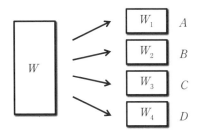

図 15.1　仕事の分割と並列処理

W_1, W_2, W_3, W_4 を $A \sim D$ に割り当てることにする．分割した仕事 $W_1 \sim$ W_4 が互いに依存しなければ，$A \sim D$ は同時に仕事を処理することができる．しかし，もしこれらの仕事に依存関係があり，W_2 を行うためには W_1 の結果が必要なときには，B は A が仕事を終えるまで待つ必要があり，同時には仕事をすることができない．同様に W_3 では W_2 が，W_4 では W_3 の結果が必要なとき，$A \sim D$ はそれぞれの仕事を同時に行うことができず，図 15.2 に示すように，結局 A だけが $W_1 \sim W_4$ の仕事を行うときと所要時間が変わらなくなる．

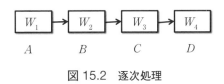

図 15.2　逐次処理

　このように，処理の間に依存関係があり，順に処理を進めることを**逐次処理** (serial processing) という．これに対して，同時に処理を行うことを**並列処理** (parallel processing) という．それぞれが行う処理を**プロセス** (process) という．計算を行うときに，他のプロセスの結果が必要になることがある．このようなときには，**通信** (communication) によって，

他のプロセスの結果を受け取ったり，他のプロセスに結果を渡したりする．また，次の処理に移るために必要なデータがそろうまで待つ必要があるときがある．このようなとき，各プロセスで**同期** (synchronization) をとる必要がある．

分割した仕事 W_1〜W_4 に互いに依存関係がなく並列処理ができる場合でも，事前に A〜D が互いに打ち合わせをする必要があったり，処理を始める前にデータの交換が必要なときには，そのための処理時間が別に必要になる．このような準備のための処理を**オーバーヘッド** (overhead) という．オーバーヘッドがある場合には，その部分は減らすことができないため，どれだけ多くのプロセスで並列に処理をしても時間の短縮には限度がある．

また，分割した仕事 W_1〜W_4 のそれぞれの処理に必要な時間が異なると，たとえば A が処理を終えてもまだ B は処理が終わっておらず，次の仕事に移るまで A は待っていることになる．このようなそれぞれの処理の負担の割合を，**ロードバランス** (load balance) という．ロードバランスは**負荷バランス**ともいう．仕事 W_1〜W_4 の処理にかかる時間がほぼ同じとき，A〜D はほぼ同時に仕事を終え，次の仕事に移ることができる．このようなとき，ロードバランスがよいという．また，どれかの処理が他の処理に比べて所要時間が長いようなとき，その仕事が終わるまで他は待っていることになる．このようなときにはロードバランスが悪い状態である．

ロードバランスによる処理の時間の違いを図 15.3 に示す．図の左側では A〜D はほぼ同じ時間で処理を終えているのに対して，右側では B に多くの仕事が割り当てられており，処理時間が長くなっている．全体の処理が終わる時間は最も時間がかかっている B の時間で決まり，左側の例よりも時間が多くかかっていることが分かる．

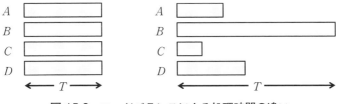

図 15.3　ロードバランスによる処理時間の違い

　次の処理を行うときに，他の結果が必要になる場合には，そこでお互いに計算結果の交換を行う．処理に関わるプロセスが増えると，この通信の時間が大きくなってくる．

　1 つのプロセスですべての処理をした場合にかかる時間を T_S とし，並列化して複数のプロセスで処理を行った場合の計算時間を T_P としたとき，

$$S = T_S/T_P \tag{15.1}$$

を**速度向上率** (speedup ratio) という．この値が高いほど並列化したときの性能が高くなる．

　処理全体の中で並列化可能な部分の割合を α とする．この並列化可能な部分を N 個に分割して処理することにする．このとき，通信の影響やロードバランスを考えなければ，T_S の時間のうち α の割合の部分が $1/N$ になる．そのため，並列化後の時間 T_P は

$$T_P = T_S \times (1 - \alpha) + T_S \times \alpha/N \tag{15.2}$$

と表される．そのため，速度向上率は

$$S = \frac{T_S}{T_S \times (1 - \alpha) + T_S \times \alpha/N} = \frac{1}{(1 - \alpha) + \alpha/N} \tag{15.3}$$

となる．これは，**アムダールの法則** (Amdahl's law) と呼ばれる．

この関係式から，もし，並列化可能な部分が全体の 50 ％のとき，速度向上率は

$$S = \frac{1}{0.5 + 0.5/N} \tag{15.4}$$

となる．並列数 N をどれだけ大きくしても S は 2 以下であり，性能が 2 倍までしか上がらない．また，並列化可能な部分が全体の 90 ％のとき，

$$S = \frac{1}{0.1 + 0.9/N} \tag{15.5}$$

であり，上限は 10 倍程度である．このように，並列化できない部分がわずかにあるだけでも，大きな性能向上が望めなくなるため，注意が必要である．図 15.4 に並列化可能部分の割合と速度向上率の関係を示す．

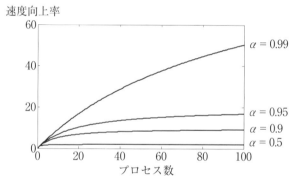

図 15.4　並列化可能部分の割合と速度向上率 (アムダールの法則)

アムダールの法則では，処理する問題の規模にかかわらず並列化可能な部分と並列化できない部分の割合が一定であるとしていた．しかし，問題の規模を大きくすると並列化できる部分の割合が大きくなる場合がある．このようなときには，並列化したときの処理時間の中で β の割合が並列化できており，$1 - \beta$ が並列化できていないと考える．そのため，

1 プロセッサのときの時間は以下のように表せる.

$$T_S = T_P \times \beta \times N + T_P \times (1 - \beta). \tag{15.6}$$

これより

$$S = T_S/T_P = \beta \times N + (1 - \beta) = N - (N - 1)(1 - \beta) \tag{15.7}$$

が得られる. これは, **グスタフソンの法則** (Gustafson's law) と呼ばれる. この場合には, アムダールの法則よりは並列数 N を大きくしたときの速度向上率の改善が期待できる. ただし, 並列化できる部分の割合を 1 プロセッサの場合ではなく, 並列化した後の処理時間の中での割合で考えていることに注意する. アムダールの法則とグスタフソンの法則のどちらが成り立つかは問題に依存するため, 実行しようとする処理がどちらの性質をもっているかを把握して, 並列化したときの性能を検討する必要がある.

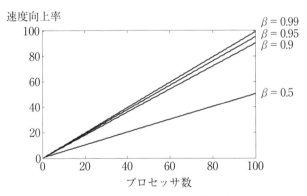

図 15.5　並列化可能部分の割合と速度向上率 (グスタフソンの法則)

　並列に処理をする場合に, プロセッサが計算に必要なデータや計算結果をそれぞれに保持している場合と, 共通のメモリーから読み書きをする場合が

222

ある．それぞれに保持している場合を**分散メモリー** (distributed memory) 型，共通のメモリーを用いる場合を**共有メモリー** (shared memory) 型という．

分散メモリー型の場合，それぞれのプロセッサにデータを分散して置いているため，各プロセッサは自分のところにあるデータは直接読み込めるが，他のプロセッサにある場合には通信によってデータの移動を行う必要がある．これに対して，共有メモリー型の場合にはどのプロセッサからも同じデータを読み込むことができ，通信によってデータを移動させる必要はないが，メモリーへのアクセスを共有しているために各プロセッサが同時に読み込みをしようとすると性能が低下する．

いくつかのプロセッサを集めた一つの計算単位を**ノード** (node) という．このノードが複数集まったものを**クラスタ** (cluster) といい，スーパーコンピュータは通常はこのクラスタのノード数が大きいものである．ノード内は共有メモリー型で，ノード間は分散メモリー型の処理を行うことが多い．

計算などのコンピュータの処理では，一つの命令はその内部では細かい段階に分かれている．このとき，一連の段階が終わったところで次の命令を行うのではなく，一部が終わったところで次の命令を行うことで，全体の処理時間を短くする．これは**パイプライン処理** (pipeline processing) と呼ばれる．パイプラインは流れ作業で次々にデータを次の段階に渡していくような処理である．パイプライン処理ができるのは，直前に実行した命令の結果を次に必要としない場合であり，依存関係があったり，条件によって処理が変わるような場合には実行できない．

パイプライン処理の様子を図 15.6 に示す．この図では 1 つの命令が 4 つの段階で構成されており，データ D_1 から D_5 を次々に処理している．このようにすることで，D_1 の命令の段階 S_1 から S_4 がすべて終わって

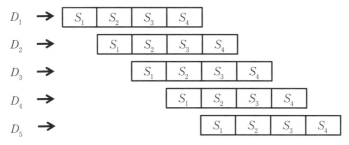

図 15.6　パイプライン処理

から次の D_2 の処理を始めるよりも，全体の処理時間が短くなる.

15.2　計算の並列処理

　ここで，並列で計算を行うときの処理の例を示す.
　n 次元ベクトルの和 $c = \alpha a + b$ の計算は，各成分ごとに表すと

$$c_i = \alpha \times a_i + b_i, \quad i = 1, 2, \ldots, n \tag{15.8}$$

となる．この計算は各 i について依存性がないため同時に計算できる.
そのため，ベクトルを分けてそれぞれに計算する．たとえば，$n = m \times p$
と表せるとき，ベクトル a, b を以下のように部分ベクトルに分割する.

$$a = \begin{bmatrix} a_1 \\ a_2 \\ \vdots \\ a_p \end{bmatrix}, \quad b = \begin{bmatrix} b_1 \\ b_2 \\ \vdots \\ b_p \end{bmatrix}. \tag{15.9}$$

ここで，$a_\ell, b_\ell \in \mathbb{R}^m$, $\ell = 1, 2, \ldots, p$ である．これを用いて各部分ベクト
ルごとに

$$c_\ell = \alpha a_\ell + b_\ell, \quad \ell = 1, 2, \ldots, p \tag{15.10}$$

のように計算する. これらの計算は互いに依存しないため, 同時に計算
をすることができる. もし p 個のプロセッサがあれば, それぞれのプロ
セッサにこの計算を割り当てて, 並列に計算することができる.

ベクトル $\bm{a} = [\alpha_1, \alpha_2, \ldots, \alpha_n]^{\mathrm{T}}$ の n 個の要素の総和

$$S = \alpha_1 + \alpha_2 + \cdots + \alpha_n \tag{15.11}$$

を逐次的に計算する場合には

$S \leftarrow 0$
for $i = 1, 2, \ldots, n$ do
  $S \leftarrow S + \alpha_i$
end for

のようにする. これを p 個のプロセスで並列に行うには, k 番のプロセ
スにおいて

$S_k \leftarrow 0$
for $i = 1, 2, \ldots, m$ do
  $S_k \leftarrow S_k + \alpha_{(k-1)m+i}$
end for

を計算し, 1 番から p 番までのプロセスでこの計算が終わった後, その結
果を集めて $S = \sum_{k=1}^{p} S_k$ を求める. ここで, $n = mp$ とする. これは,
ベクトル $\bm{a}$ を

$$\bm{a} = \begin{bmatrix} \bm{a}_1 \\ \bm{a}_2 \\ \vdots \\ \bm{a}_p \end{bmatrix} \tag{15.12}$$

のように p 個の部分ベクトルに分けて，それぞれにベクトルの要素の和を計算していることになる．

数値積分において，以下のような計算を行うとき，

$$I_N = \sum_{i=1}^{N} w_i f(x_i), \qquad (15.13)$$

総和の計算の α_i のかわりに $w_i f(x_i)$ とすれば，同様に行える．

行列 $A \in \mathbb{R}^{n \times n}$ について，行列を行方向で分割し

$$A = \begin{bmatrix} A_1 \\ A_2 \\ \vdots \\ A_p \end{bmatrix} \qquad (15.14)$$

とする．ここで $A_\ell \in \mathbb{R}^{m \times n}$ である．ベクトルを $\boldsymbol{x} \in \mathbb{R}^n$ とすると，

$$\boldsymbol{y}_\ell = A_\ell \boldsymbol{x}, \quad \ell = 1, 2, \dots, p \qquad (15.15)$$

によって $\boldsymbol{y}$ の各部分ベクトルが得られる．ここで，

$$\boldsymbol{y} = \begin{bmatrix} \boldsymbol{y}_1 \\ \boldsymbol{y}_2 \\ \vdots \\ \boldsymbol{y}_p \end{bmatrix} \qquad (15.16)$$

である．

n 次正方行列 A を部分行列に分割し，

$$A = \begin{bmatrix} A_{11} & A_{12} & \cdots & A_{1p} \\ A_{21} & A_{22} & \cdots & A_{2p} \\ \vdots & \vdots & & \vdots \\ A_{p1} & A_{p2} & \cdots & A_{pp} \end{bmatrix} \qquad (15.17)$$

とする．ベクトル x についても分割し

$$x = \begin{bmatrix} x_1 \\ x_2 \\ \vdots \\ x_p \end{bmatrix} \tag{15.18}$$

とする．このとき，y は

$$y_i = \sum_{j=1}^{p} A_{ij} x_j, \ i = 1, 2, \ldots, p \tag{15.19}$$

によって求められる．これらの計算をそれぞれに並列に行う．ただし，$x_1, x_2, \ldots, x_p$ は p 個のプロセスに分散しているため，通信が必要となる．

15.3 分散処理

並列計算をするときには，プログラムにおいてどういう処理をするかを記述する必要がある．並列プログラムを記述する方法として **MPI** (Message Passing Interface) や **OpenMP** などがある．

MPI は分散メモリー型の計算を記述するために用いられ，一つのプログラムで複数の命令を扱う．これに対して OpenMP は共有メモリー型の計算を記述するために用いられる．

複数のノードで分散して計算を行うときには，それぞれのノードにデータを送る必要がある．また，計算結果を他に送ることも必要となる．このようなデータの交換には，**集団通信** (collective communication) と **1 対 1 通信** (point-to-point communication) がある．また，内積のような計算では，分散して保持している値を集めながらその和を求める**集約** (reduce) と呼ばれる計算が用いられる．

　第 2 章で示した乱数を用いた円周率の計算において，x_i, y_i に乱数を代入したり，点 (x_i, y_i) が半径 1 の半円の内側にあるかどうかを判定する式

$$\sqrt{x_i^2 + y_i^2} \le 1, \ i = 1, 2, \ldots, n \qquad (15.20)$$

の処理は i ごとに独立に行える．処理に用いるプロセスの数を p としたとき，点数 n を p 分割し，それぞれに半径 1 の半円の内側にある点の数を求める．第 ℓ 番目のプロセスで求めた値を m_ℓ とする．m_ℓ は各プロセスごとに保持しているため，その和を求めるには集約を行い，

$$m = \sum_{\ell=1}^{p} m_\ell \qquad (15.21)$$

によって総計した値 m を得る．このとき，乱数は漸化式による逐次的な計算のため，並列に乱数列を生成するためには工夫が必要となる．

演習問題 15 ────────────────────────────

1. アムダールの法則が成り立つとしたとき，並列に実行するプロセス数が N のときに速度向上率を $\beta \times N$ 以上とするには，並列可能な部分の割合 α を示せ．ここで，$0 < \beta \leq 1$ とする．プロセス数を $N = 1000$ について速度向上率が $N/10$ 以上とする α を小数点以下 3 桁で求めよ．

2. N 個のプロセスが保持しているデータを 1 つのプロセスに集めることを考える．順にデータを送ると $N-1$ 回の通信が必要である．このとき，まず，偶数番目のプロセスが奇数番目のプロセスに同時にデータを送る．データを受け取った奇数番目のプロセスに 1 から通し番号をふって，その番号で偶数番目が奇数番目にデータを送る．これを繰り返して最後に 1 つのプロセスにデータを集める．このようにしてデータを集めるとき，通信回数は何回となるか．ここで $N = 2^m$ とし，同時に行った通信は 1 回と数えるものとする．

3. 式 (1.16) を用いて乱数を生成する．このとき，

$$q_{k+1} = (\alpha^2 q_{k-1} + (\alpha\beta + \beta)) \bmod m \qquad (15.22)$$

の関係があることを示せ．初期値として q_0, q_1 を与え，式 (15.22) を用いることで，乱数列の偶数番目と奇数番目が並列で計算できることを示せ．より多くの並列性を得るためにはどうすればよいか説明せよ．

4. 行列ベクトル積の並列計算を並列で行ったとき，データの移動と計算の処理手順について考察せよ．

演習問題の略解

【第 1 章】

1. 最大公約数は 5. ステップ 2) は 5 回実行される. ステップ 4) での m と n は $m = 60, 25, 10, 5$ および $n = 25, 10, 5, 0$.

2. 表 1.1 から $10!/5! = 30240$ であるので, 30,240 秒となる. $n = 15$ のとき $15!/5! \approx 1.3077 \times 10^{12}/120 \approx 1.1 \times 10^{10}$ であり, 約 346 年となる. 計算量が $O(n^3)$ では, $n = 10$ のとき $(10/5)^3 = 8$ より 8 秒, $n = 15$ のとき $(15/5)^3 = 27$ より 27 秒である.

3. $r' = 2r - 1$ とすると, $0 < r < 1$ のとき $-1 < r' < 1$. 摂氏温度 C から華氏温度 F への変換式は $F = (9/5) \times C + 32$. F から C の変換は $C = (5/9) \times (F - 32)$.

4. $x_1 = 1.5$, $x_2 = 1.4166$, $x_3 = 1.4142156$ となり, $\sqrt{2} = 1.41421356$ に近づいている.

5. k 回の反復で区間幅は 2^{-k} になる. そのため, $2^{-k} \leq 10^{-3}$ となる k を求めればよい. 両辺の対数をとり, $k > 3\log_2 10 = 3 \times 3.32 = 9.94$ より, $k = 10$ で区間幅は 10^{-3} 以下となる. 区間幅が 10^{-6} 以下となるのは $k = 20$ のとき.

【第 2 章】

1. 擬似コードは以下のようになる.

$s \leftarrow 0$
for $i = 1, 3, \ldots, 2n - 1$ **do**
 $s \leftarrow s + i$
end for

2. 最初に与えられた a_1 から a_n の最大値が a_n に入る.

3. until ループを用いて以下のようにする.

$k \leftarrow 1$

$$m \leftarrow n$$

repeat

    if $a_k < c$ **then**

        $k \leftarrow k + 1$

    else

        $t \leftarrow a_m$

        $a_m \leftarrow a_k$

        $a_k \leftarrow t$

        $m \leftarrow m - 1$

    end if

until $k = m$

実行後, $a_1, a_2, \ldots, a_5$ は $3, 6, 5, 10, 17$ で, $k = m = 3$ となる. 10 より小さい値が k 番目から前に集まり, 10 以上の値が $k + 1$ 番目から後ろに集まる.

4. $n = 10{,}000{,}000$ のときの相対誤差は $|3.1421068 - 3.141593|/3.141593 \approx 1.64 \times 10^{-4}$ である. グラフから, 傾向として n が 2 桁増加したときに誤差はおおよそ 1 桁減少していることが確認できる.

【第 3 章】

1. $\sum_{i=0}^{n-1} r^i = (1 - r^n)/(1 - r)$ より, $r = 2$ として $S_n = 2^n - 1$. S_n はすべての桁が 1 の n 桁の 2 進数を表している.

2. $2^{16} = 2^6 \times 2^{10}$ より, $2^{16} = 2^6 \times 2^{10} = 2^6 \times (1000 + 2 \times 10 + 2^2) = 2^6 \times 1000 + 2^7 \times 10 + 2^8$. また, $2^{20} = 2^{10} \times 1000 + 2^{11} \times 10 + 2^{12} = 1024000 + 20480 + 4096 = 1048576$. $2^{30} = 2^{20} \times 2^{10} = 2^{20} \times (1000 + 2 \times 10 + 2^2) \approx 1.07 \times 10^9$.

3. $2^{10} = 1024$ より, 10 回で 1024 倍. $2^{20} = 1048576$ より, $1048576 \times 0.1\text{mm}$ で約 105 メートル. $2^{30} \approx 1.07 \times 10^9$ より, 約 107 キロメートル.

4. $37 = 2^5 + 2^2 + 1$ より, 2 進表現は 100101. $0.9 = 0.5 + 0.5^2 + 0.5^3 + 0.5^6 + \cdots$ より 0.111. $0.2 = 0.5^3 + 0.5^4 + 0.5^7 + 0.5^8 + 0.5^{11} + \cdots$ より, $0.001100110011\cdots$ で循環小数となる.

5. 1) 左側は $|x|$ が小さいとき桁落ち. 2) 左側は x が大きいとき桁落ち. 3) 左側は $|x|$ が小さいとき桁落ち.

【第 4 章】

1. $(A^2)\boldsymbol{x} = [2,1]^{\mathrm{T}}$, $(A^3)\boldsymbol{x} = [3,2]^{\mathrm{T}}$. $(A^2)\boldsymbol{x} = A(A\boldsymbol{x})$, $(A^3)\boldsymbol{x} = A(A(A\boldsymbol{x}))$ だが, 計算の手間は後者が少ない.

$$(AB)^{\mathrm{T}} = B^{\mathrm{T}}A^{\mathrm{T}} = \begin{bmatrix} 1 & 1 \\ 2 & 1 \end{bmatrix}, \tag{16.1}$$

$\operatorname{tr}(AB) = \operatorname{tr}(BA) = 2$.

2. $A\boldsymbol{x}$ は 1 行あたり積 n 回, 和 $n-1$ 回のため, $2n^2 - n$. AB の行列と行列の積は行列とベクトルの積が n 回のため, $2n^3 - n^2$, $(AB)\boldsymbol{x}$ の計算ではこれに行列とベクトル積の計算が加わるため, 合計した計算量は $2n^3 + n^2 - n$. $A(B\boldsymbol{x})$ は行列とベクトルの積が 2 回のため, $4n^2 - 2n$.

3. $A + \boldsymbol{u}\boldsymbol{v}^{\mathrm{T}}$ と $A^{-1} - \frac{1}{1+\boldsymbol{v}^{\mathrm{T}}A^{-1}\boldsymbol{u}}\left(A^{-1}\boldsymbol{u}\boldsymbol{v}^{\mathrm{T}}A^{-1}\right)$ の積が, 積の順序を入れ替えてどちらも単位行列となることを示せばよい.

4. コーシー・シュワルツの不等式 $|(\boldsymbol{x},\boldsymbol{y})| \le \|\boldsymbol{x}\|_2\|\boldsymbol{y}\|_2$ を用いることで,

$$\begin{aligned} \|\boldsymbol{x}+\boldsymbol{y}\|_2^2 &= (\boldsymbol{x}+\boldsymbol{y}, \boldsymbol{x}+\boldsymbol{y}) \\ &= (\boldsymbol{x},\boldsymbol{x}) + 2(\boldsymbol{x},\boldsymbol{y}) + (\boldsymbol{y},\boldsymbol{y}) \\ &\le \|\boldsymbol{x}\|_2^2 + 2\|\boldsymbol{x}\|_2\|\boldsymbol{y}\|_2 + \|\boldsymbol{y}\|_2^2 \\ &= (\|\boldsymbol{x}\|_2 + \|\boldsymbol{y}\|_2)^2. \end{aligned} \tag{16.2}$$

5. $\|A\|_1 = 3$, $\|A\|_\infty = 2$, $\|A\|_F = \sqrt{5}$.

6. 直交化して得られる行列 Q は

$$Q = \begin{bmatrix} 1 & 0 & 0 \\ 0 & 1/\sqrt{2} & 1/\sqrt{2} \\ 0 & 1/\sqrt{2} & -1/\sqrt{2} \end{bmatrix}. \tag{16.3}$$

【第 5 章】

1. 式 (5.8) において, $x = 2, y = 1$ のとき 1 行目と 2 行目はそれぞれ $2x + y = 5$
および $-x + 2 = 0$ である. このとき, 3 行目において $x + 3y = 2 + 3 = 5$
より $\alpha = 5$ として, 右辺ベクトルを $[5, 0, 5]^{\mathrm{T}}$ とすると $x = 2, y = 1$ が解とな
る. 式 (5.3), (5.6), (5.8) で与えられる直線, および式 (5.8) において右辺を
$[5, 0, 5]^{\mathrm{T}}$ とした直線は以下のようになる.

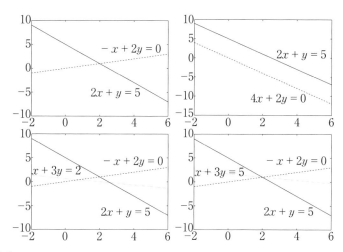

2. 解は $x_1 = 2, x_2 = 1, x_3 = -1$.

3. A と $\boldsymbol{b}$ は以下となる.

$$A = \begin{bmatrix} 1 & 2 & 3 \\ 1 & 3 & 3 \\ 2 & 5 & 7 \end{bmatrix}, \quad \boldsymbol{b} = \begin{bmatrix} 1 \\ 2 \\ 2 \end{bmatrix}. \tag{16.4}$$

また, LU 分解は以下となる.

$$L = \begin{bmatrix} 1 & 0 & 0 \\ 1 & 1 & 0 \\ 2 & 1 & 1 \end{bmatrix}, \quad U = \begin{bmatrix} 1 & 2 & 3 \\ 0 & 1 & 0 \\ 0 & 0 & 1 \end{bmatrix}. \tag{16.5}$$

$\boldsymbol{b} = [1, 2, 2]^{\mathrm{T}}$ を用いて，$\boldsymbol{y} = L^{-1}\boldsymbol{b}$，$\boldsymbol{x} = U^{-1}\boldsymbol{y}$ により解 $\boldsymbol{x} = [2, 1, -1]^{\mathrm{T}}$ が得られる．

4. X は

$$X = \begin{bmatrix} 6 & 1 & -3 \\ -1 & 1 & 0 \\ -1 & -1 & 1 \end{bmatrix} \tag{16.6}$$

となる．実際に計算すると $XA = AX = I$ が確かめられる．

5. 最初に A の 1 行目と 3 行目を入れ替える．L と U は

$$L = \begin{bmatrix} 1 & 0 & 0 \\ 0.5 & 1 & 0 \\ 0.5 & -1 & 1 \end{bmatrix}, \quad U = \begin{bmatrix} 2 & 5 & 7 \\ 0 & 0.5 & -0.5 \\ 0 & 0 & -1 \end{bmatrix} \tag{16.7}$$

となる．$\boldsymbol{b} = [2, 2, 1]^{\mathrm{T}}$ および L, U を用いて，解 $\boldsymbol{x} = [2, 1, -1]^{\mathrm{T}}$ が得られる．

【第 6 章】

1. $f(x)$ と $g(x)$ の和は $f(x) + g(x) = x^3 - 5x + 5$ となる．$f(x)$ と $g(x)$ の積は $f(x)g(x) = x^5 - 4x^4 + 3x^3 + 7x^2 - 13x + 6$ となる．$f(x)$ を $g(x)$ で割った商が $q(x)$，剰余が $r(x)$ のとき，$f(x) = q(x)g(x) + r(x)$ の関係がある．また $q(x)$ と $r(x)$ はともに 1 次である．これより，$q(x) = x + 2$，$r(x) = 2x - 1$．

2. Algorithm 6.4 において f の値は $1, 1, 0, 3$ となる．よって $f(2) = 3$，$f'(2) = 6$．Algorithm 6.5 において，$\beta_0 = 3, \beta_1 = 6, \beta_2 = 5$ となる．$\beta_1 = f'(2), \beta_2 = f''(2)/2$ より，$f''(2) = 10$ を得る．

3. 式 (6.20) の $T_3(x)$ と $T_4(x)$ から，式 (6.19) を用いて $T_5(x) = 16x^5 - 20x^3 + 5x$．式 (6.20) および $T_0(x) = 1, T_1(x) = x$ より，$x^2 = \dfrac{T_2(x) + T_0(x)}{2}, x^3 = \dfrac{T_3(x) + 3T_1(x)}{4}$．式 (6.23) を用いて，$T_1(1) = 1, T_2(1) = 1, T_3(1) = 1, T_4(1) = 1$．

4. $f_0 = x^3 - x^2 - 2x + 2, f_1 = x^2 - 3x + 2$ とする．Algorithm 6.6 において，$q_1 = x + 2, f_2 = 2x - 2, q_2 = \dfrac{x}{2} - 1, f_3 = 0$ となる．また，$A_2 = 1, B_2 =$

$-x - 2, A_3 = (-1/2)x + 1, B_3 = \dfrac{x^2}{2} - 1$ となる.

5. Algorithm 6.7 より, $P_1 = 2, P_2 = 3, P_3 = 5, P_4 = 8$, $Q_1 = 1, Q_2 = 2, Q_3 = 3, Q_4 = 5$ となる. よって, $C_1 = 2, C_2 = 3/2, C_3 = 5/3, C_4 = 8/5$ この値は連続するフィボナッチ数列の比になっており, 黄金比 $\dfrac{1 + \sqrt{5}}{2}$ に近づく.

【第 7 章】

1. $\sin x \approx x - \frac{1}{6}x^3$ より, $\ell \approx 2 \times 10 \times \left(\frac{\pi}{5} - \frac{1}{6}\left(\frac{\pi}{5}\right)^3\right) \approx 11.7395$.

2. ラグランジュ補間係数関数は, $\varphi_{2,0} = 2x^2 - 3x + 1$, $\varphi_{2,1} = -4x^2 + 4x$, $\varphi_{2,2} = 2x^2 - x$. ラグランジュ補間多項式は $\varphi_{2,0} - \varphi_{2,1} + \varphi_{2,2} = 8x^2 - 8x + 1$.

3. $f[x_0] = 1, f[x_1] = -1, f[x_2] = 1, f[x_0, x_1] = -4, f[x_1, x_2] = 4, f[x_0, x_1, x_2] = 8$. これより, $F_2(x) = f[x_0] + f[x_0, x_1](x - x_0) + f[x_0, x_1, x_2](x - x_0)(x - x_1) = 1 - 8x + 8x^2$.

4. 分子と分母はそれぞれ $P(x) = 1 + \frac{1}{2}x, Q(x) = 1 - \frac{1}{2}x$.

【第 8 章】

1. $f'(x) = -\frac{1}{x^2}$ より, $x^{(k+1)} = x^{(k)} - f(x^{(k)})/f'(x^{(k)}) = 2x^{(k)} - a(x^{(k)})^2 = x^{(k)}(2 - ax^{(k)})$. $x^{(1)} = 1/4, x^{(2)} = 5/16, x^{(3)} = 85/256$.

2. $f'(x) = 2x$ より, $x^{(k+1)} = x^{(k)} - f(x^{(k)})/f'(x^{(k)}) = ((x^{(k)})^2 + a)/(2x^{(k)})$. $x^{(1)} = 3/2, x^{(2)} = 17/12, x^{(3)} = 577/408$.

3. グラフは原点を中心とした半径 1 の円と 2 次式 $y = x^2$ となる. グラフの交点は $x = \pm\sqrt{\frac{1}{2}(-1 + \sqrt{5})} \approx 0.786151$, $y = \frac{1}{2}(-1 + \sqrt{5}) \approx 0.618034$. $x^{(0)} = 1/2, y^{(0)} = 1/2$ における関数値は $f(x^{(0)}, y^{(0)}) = -1/2$, $g(x^{(0)}, y^{(0)}) = -1/4$. ヤコビ行列 J は

$$J = \begin{bmatrix} 2x & 2y \\ 2x & -1 \end{bmatrix}. \tag{16.8}$$

これより, $x^{(1)} = 7/8 = 0.875, y^{(1)} = 5/8 = 0.625$.

【第 9 章】

1. 特性多項式は $\lambda^2 - 4\lambda + 3 = (\lambda - 1)(\lambda - 3)$ より，固有値は $1, 3$．固有ベクトルは $\boldsymbol{x}_1 = [1/\sqrt{2}, 1/\sqrt{2}]^{\mathrm{T}}, \boldsymbol{x}_2 = [-1/\sqrt{2}, 1/\sqrt{2}]^{\mathrm{T}}$．

2. $c_1 = \boldsymbol{y}^{\mathrm{T}} \boldsymbol{x}_1 = 5/\sqrt{2},\ c_2 = \boldsymbol{y}^{\mathrm{T}} \boldsymbol{x}_2 = -3/\sqrt{2}$．

3. $A\boldsymbol{x} = \lambda \boldsymbol{x}$ とする．両辺の共役転置をとると $A = A^{\mathrm{H}}$ より $\boldsymbol{x}^{\mathrm{H}} A = \bar{\lambda} \boldsymbol{x}^{\mathrm{H}}$．両辺に右側から $\boldsymbol{x}$ をかけると $\boldsymbol{x}^{\mathrm{H}} A \boldsymbol{x} = \lambda \boldsymbol{x}^{\mathrm{H}} \boldsymbol{x} = \bar{\lambda} \boldsymbol{x}^{\mathrm{H}} \boldsymbol{x}$．これより，$\bar{\lambda} = \lambda$ となるため，λ は実数．

相異なる固有値 λ_i, λ_j に対応する固有ベクトルを $\boldsymbol{x}_i, \boldsymbol{x}_j$ とおく．このとき，

$$\begin{cases} A\boldsymbol{x}_i = \lambda_i \boldsymbol{x}_i \\ A\boldsymbol{x}_j = \lambda_j \boldsymbol{x}_j \end{cases} \tag{16.9}$$

である．それぞれ左から $\boldsymbol{x}_j^{\mathrm{T}}, \boldsymbol{x}_i^{\mathrm{T}}$ をかけると，

$$\begin{cases} \boldsymbol{x}_j^{\mathrm{T}} A \boldsymbol{x}_i = \lambda_i \boldsymbol{x}_j^{\mathrm{T}} \boldsymbol{x}_i \\ \boldsymbol{x}_i^{\mathrm{T}} A \boldsymbol{x}_j = \lambda_j \boldsymbol{x}_i^{\mathrm{T}} \boldsymbol{x}_j \end{cases}. \tag{16.10}$$

$A^{\mathrm{T}} = A$ より，$\boldsymbol{x}_j^{\mathrm{T}} A \boldsymbol{x}_i = \boldsymbol{x}_i^{\mathrm{T}} A \boldsymbol{x}_j$ であるため，

$$(\lambda_i - \lambda_j) \boldsymbol{x}_i^{\mathrm{T}} \boldsymbol{x}_j = 0. \tag{16.11}$$

$\lambda_i \neq \lambda_j$ であることから，$\boldsymbol{x}_i^{\mathrm{T}} \boldsymbol{x}_j = 0$．

4. A は正則のため $A\boldsymbol{x} = \lambda \boldsymbol{x}$ に左から A^{-1} をかけ，λ で割ることで $\lambda^{-1} \boldsymbol{x} = A^{-1} \boldsymbol{x}$ を得る．また，両辺から $\sigma \boldsymbol{x}$ を引くことで $A\boldsymbol{x} - \sigma \boldsymbol{x} = \lambda \boldsymbol{x} - \sigma \boldsymbol{x}$ となり，$(A - \sigma I)\boldsymbol{x} = (\lambda - \sigma)\boldsymbol{x}$ の関係を得る．

5. $\boldsymbol{y}^{(1)} = [1/\sqrt{2}, 1/\sqrt{2}]^{\mathrm{T}},\ \boldsymbol{y}^{(2)} = [2/\sqrt{5}, 1/\sqrt{5}]^{\mathrm{T}},\ \boldsymbol{y}^{(3)} = [3/\sqrt{13}, 2/\sqrt{13}]^{\mathrm{T}}$．それぞれのレイリー商は $3/2, 8/5, 21/13$ となる．$21/13 \approx 1.615$ であり，A の絶対値最大の固有値 $(1 + \sqrt{5})/2 \approx 1.618$ に近い．

$G = A^{-1}$ とおくと

$$G = \begin{bmatrix} 0 & 1 \\ 1 & -1 \end{bmatrix} \tag{16.12}$$

より，$\boldsymbol{y}^{(1)} = [0,1]^{\mathrm{T}}$，$\boldsymbol{y}^{(2)} = [1/\sqrt{2}, -1/\sqrt{2}]^{\mathrm{T}}$，$\boldsymbol{y}^{(3)} = [-1/\sqrt{5}, 2/\sqrt{5}]^{\mathrm{T}}$．それぞれのレイリー商は $-1, -3/2, -8/5$ であり，その逆数は $-1, -2/3, -5/8$ となり，A の固有値 $(1-\sqrt{5})/2 \approx -0.618$ に近づく．

【第 10 章】

1. A と $\boldsymbol{b}$ は

$$A = \begin{bmatrix} 1 & -1 \\ 1 & 0 \\ 1 & 1 \end{bmatrix}, \quad \boldsymbol{b} = \begin{bmatrix} -1 \\ 11/10 \\ 3 \end{bmatrix}. \tag{16.13}$$

これより，

$$A^{\mathrm{T}}A = \begin{bmatrix} 3 & 0 \\ 0 & 2 \end{bmatrix} \tag{16.14}$$

であり，$A^{\mathrm{T}}A\boldsymbol{x} = A^{\mathrm{T}}\boldsymbol{b}$ の解は $\boldsymbol{x} = [1 + 1/30, 2]^{\mathrm{T}}$ となる．

2. $H^{\mathrm{T}} = (I - \boldsymbol{u}\boldsymbol{u}^{\mathrm{T}})^{\mathrm{T}} = I - \boldsymbol{u}\boldsymbol{u}^{\mathrm{T}} = H$ より H は対称．$H^{\mathrm{T}}H = HH^{\mathrm{T}} = I$ が確かめられる．$\boldsymbol{v} = [1,1,1]^{\mathrm{T}}, \boldsymbol{w} = [-\sqrt{3}, 0, 0]^{\mathrm{T}}$ より，$\alpha = \sqrt{2}/\sqrt{2 + (1+\sqrt{3})^2}$ とおくと，$\boldsymbol{u} = [\alpha(1+\sqrt{3}), \alpha, \alpha]^{\mathrm{T}}$ となる．

3. $A^{\mathrm{T}}A$ の固有値は $\lambda_1 = 3, \lambda_2 = 2$ で，対応する固有ベクトルはそれぞれ $\boldsymbol{x}_1 = [1,0]^{\mathrm{T}}, \boldsymbol{x}_2 = [0,1]^{\mathrm{T}}$ である．これより，特異値は $\sigma_1 = \sqrt{3}, \sigma_2 = \sqrt{2}$ であり，$\boldsymbol{u}_1 = [1/\sqrt{3}, 1/\sqrt{3}, 1/\sqrt{3}]^{\mathrm{T}}, \boldsymbol{u}_2 = [-1/\sqrt{2}, 0, 1/\sqrt{2}]^{\mathrm{T}}$ となる．

4. $\boldsymbol{v}$ と $\boldsymbol{a}_1$ のなす角の余弦は $\cos\theta_1 = \boldsymbol{v}^{\mathrm{T}}\boldsymbol{a}_1/(\|\boldsymbol{v}\|_2\|\boldsymbol{a}_1\|)$ より，$\cos\theta_1 = 1/(5\sqrt{2})$．同様に $\cos\theta_2 = 1/(\sqrt{2}), \cos\theta_3 = 2/(\sqrt{5})$．この中で値が最も大きいのは $\cos\theta_3$ であり，向きが一番近いのは $\boldsymbol{a}_3$．

【第 11 章】

1. $\int_a^b f(x)dx = \int_a^b 1dx = b-a$ となる．一方，$f(x)$ の数値積分は $\sum_{j=0}^{N} \alpha_j f(x_j) = \sum_{j=0}^{N} \alpha_j$．これらが一致するとき，$\sum_{j=0}^{N} \alpha_j = b-a$ となる．

2. 第 7 章の演習問題 2 で求めたラグランジュ補間係数関数を区間 $[0,1]$ で積分することで，$\alpha_0 = 1/6, \alpha_1 = 2/3, \alpha_2 = 1/6$ を得る．

3. $1, x, x^2$ の区間 $[0,1]$ での定積分は $1, 1/2, 1/3$. 台形則を適用すると $1, 1/2, 1/2$. シンプソン則では $1, 1/2, 1/3$. $f(x) = 1/(1+x^2)$ のとき，$\int_0^1 f(x)dx = \pi/4 \approx 0.7854$. 台形則では $3/4 = 0.7500$，シンプソン則では $47/60 \approx 0.7833$.

4. ラグランジュ補間係数関数は $\frac{1}{2}(1 - \sqrt{3}x)$, $\frac{1}{2}(1 + \sqrt{3}x)$ であり，これを区間 $[-1,1]$ で積分することで重み $\alpha_0 = 1, \alpha_1 = 1$ を得る．この積分則を x, x^2, x^3 に適用すると，$0, 2/3, 0$ となる．

【第 12 章】

1. オイラー法の公式より，$u(0.1) \approx u_1 = u_0 + hf(t_0, u_0) = 1 + 0.1 \times (0 + 1) = 1.1$. 同様に，$u(0.2) \approx u_2 = 1.1 + 0.1 \times (0.1 + 1.1) = 1.22$. 解析解は $u(t) = -t - 1 + 2e^t$ より，$u(0.1) \approx 1.11034$, $u(0.2) \approx 1.24280$ である．

2. 式 (12.26) で与えられる公式を用いると，$u(0.1) \approx u_1 = u_0 + \frac{h}{2}\big(f(t_0, u_0) + f(t_0 + h, u_0 + hf(t_0, u_0))\big) = 1 + 0.05 \times ((0+1) + (0.1+1.1)) = 1.11$. 同様に，$u(0.2) \approx u_2 = 1.11 + 0.05 \times ((0.1 + 1.11) + (0.2 + 1.11 + 0.121)) = 1.24205$.

3. 後退オイラー法において u_1 は $u_1 = u_0 + hf(t_1, u_1)$ と与えられ，$f(t_1, u_1) = t_1 + u_1$ をより $u_1 = u_0 + h(t_1 + u_1)$ の関係が得られる．よって，$u_1 = \frac{1}{1-h}(u_0 + ht_1)$. これより $u_1 = 1.01/0.9 \approx 1.1222$. また，$u(0.2) \approx u_2 = \frac{1}{1-h}(1.01/0.9 + 0.1 \times 0.2) \approx 1.26914$.

【第 13 章】

1. $f_x = 2x + 2y$, $f_y = 2x + 2y$, $f_{xx} = 2$, $f_{yy} = 2$.

2. 式 (13.12) において，$m = 3$ とすると

$$\frac{1}{h^2}(u_2 - 2u_1 + u_0) = 0,$$
$$\frac{1}{h^2}(u_3 - 2u_2 + u_1) = 0, \qquad (16.15)$$
$$\frac{1}{h^2}(u_4 - 2u_3 + u_2) = 0$$

となる．ここで，u_0, u_4 は両端の点で境界条件から値が与えられるため右辺に

移項し，両辺に h^2 をかけると

$$-2u_1 + u_2 = -u_0,$$
$$u_1 - 2u_2 + u_3 = 0, \qquad (16.16)$$
$$u_2 - 2u_3 = -u_4$$

を得る．

3. 式 (13.16) より，$i = j = 1$ のとき，

$$\frac{1}{h^2}(u_{21} + u_{01} + u_{12} + u_{10} - 4u_{11}) = 0 \qquad (16.17)$$

と表される．u_{01}, u_{10} は定数のため右辺に移項し，両辺に h^2 をかけると

$$u_{21} - 4u_{11} + u_{12} = -u_{01} - u_{10} \qquad (16.18)$$

となる．$(i, j) = (2,1), (1,2), (2,2)$ についても同様にして以下を得る．

$$
\begin{aligned}
-4u_{11} + u_{21} + u_{12} &= -u_{10} - u_{01} \\
u_{11} - 4u_{21} + u_{22} &= -u_{20} - u_{31} \\
u_{11} - 4u_{12} + u_{22} &= -u_{02} - u_{13} \\
u_{21} + u_{12} - 4u_{22} &= -u_{32} - u_{23}
\end{aligned} \qquad (16.19)
$$

4. 式 (9.12) において $a = -2, b = c = 1$ であるので，$\lambda_j = -2 + 2\cos(j\pi/5)$, $j = 1, \ldots, 4$. これは，$-2 + (1 + \sqrt{5})/2 \approx -0.38197$, $-2 + (-1 + \sqrt{5})/2 \approx -1.38197$, $-2 + (1 - \sqrt{5})/2 \approx -2.61803$, $-2 + (-1 - \sqrt{5})/2 \approx -3.61803$.

【第 14 章】

1. 式 (13.22) の CRS 形式は $\boldsymbol{a} = [-2, 1, 1, -2, 1, 1, -2, 1, 1, -2]$, $\boldsymbol{c} = [1, 2, 1, 2, 3, 2, 3, 4, 3, 4]$, $\boldsymbol{r} = [1, 3, 6, 9, 11]$. 式 (13.25) も同様に求める．

2. 行列 A は

$$A = \begin{bmatrix} 2 & -1 & 0 \\ -1 & 2 & -1 \\ 0 & -1 & 2 \end{bmatrix} \qquad (16.20)$$

となる．ベクトル $\boldsymbol{x} = [-1, 0, 1]^{\mathrm{T}}$ との積 $\boldsymbol{y} = A\boldsymbol{x}$ は $y_1 = 2 \times (-1) = -2$, $y_2 = (-1) \times (-1) + (-1) \times 1 = 0$, $y_3 = 2 \times 1 = 2$.

3. 式 (14.10) に示すように，関数 $F(\boldsymbol{x}_{k+1})$ は α_k^2 の係数が正となるような α_k の 2 次式で表される．このとき，$F(\boldsymbol{x}_{k+1})$ が最小となる α_k は $\frac{\partial F(\boldsymbol{x}_{k+1})}{\partial \alpha_k} = 0$ で与えられる．これより，$\alpha_k(\boldsymbol{p}_k, A\boldsymbol{p}_k) - (\boldsymbol{p}_k, \boldsymbol{r}_k) = 0$. よって，

$$\alpha_k = \frac{(\boldsymbol{p}_k, \boldsymbol{r}_k)}{(\boldsymbol{p}_k, A\boldsymbol{p}_k)}. \tag{16.21}$$

式 (14.13)，(14.14) より，$(\boldsymbol{r}_{k+1} + \beta_k \boldsymbol{p}_k, A\boldsymbol{p}_k) = 0$ であり，これより，

$$(\boldsymbol{r}_{k+1}, A\boldsymbol{p}_k) + \beta_k(\boldsymbol{p}_k, A\boldsymbol{p}_k) = 0. \tag{16.22}$$

よって

$$\beta_k = -\frac{(\boldsymbol{r}_{k+1}, A\boldsymbol{p}_k)}{(\boldsymbol{p}_k, A\boldsymbol{p}_k)}. \tag{16.23}$$

4. A, C は正定値対称より，

$$\begin{aligned} (C^{-1}A\boldsymbol{u}, \boldsymbol{u})_C &= (C^{-1}A\boldsymbol{u}, C\boldsymbol{u}) = (A\boldsymbol{u}, \boldsymbol{u}) \\ &= (\boldsymbol{u}, A\boldsymbol{u}) = (\boldsymbol{u}, C^{-1}A\boldsymbol{u})_C > 0 \end{aligned} \tag{16.24}$$

【第 15 章】

1. $\alpha = \frac{N - 1/\beta}{N - 1}$ となるため，$\beta = 1/10$ のとき，$\alpha = 0.99099$ となる．3 桁のときには 0.991 である．

2. $\log_2 N = m$ のため，m 回となる．

3. 漸化式を 2 回適用することで $q_{k+1} = \alpha(\alpha q_{k-1} + \beta \bmod m) + \beta \bmod m = (\alpha^2 q_{k-1} + (\alpha\beta + \beta)) \bmod m$ を得る．

4. ベクトル $\boldsymbol{x}$ の要素は $\boldsymbol{x}_1, \ldots, \boldsymbol{x}_p$ に分割し，j 個のプロセスは $\boldsymbol{x}_j$ の要素を保持しているとする．また，行列の $A_{j1}, \ldots A_{jp}$ は j 番のプロセスが保持しているとする．このとき，行列ベクトル積において j 番のプロセスは他のプロセスから $\boldsymbol{x}_k$, $k \neq j$ の要素を受け取り，$A_{jk}\boldsymbol{x}_k$ の計算を行う．これを足し合わせることで $\boldsymbol{y}_j = \sum_{k=1}^{n} A_{jk}\boldsymbol{x}_k$ を得る．

240

参考文献 ▎

数値計算に関するいくつかの文献を挙げておく.

[1] 大石進一, Linux 数値計算ツール, コロナ社, 2000

[2] 加古孝, 数値計算, コロナ社, 2009

[3] 金子晃, 数値計算講義, サイエンス社, 2009

[4] 櫻井鉄也, MATLAB/Scilab で理解する数値計算, 東京大学出版会, 2003

[5] 杉浦洋, 数値計算の基礎と応用, サイエンス社, 2009

[6] 杉原正顕, 室田一雄, 線形計算の数理, 岩波書店, 2009

[7] 戸川隼人, ザ・数値計算リテラシ, サイエンス社, 1997

[8] 名取亮, 線形計算, 朝倉書店, 1993

[9] 二宮市三, 長谷川武光, 秦野やす世, 櫻井鉄也, 杉浦洋, 吉田年雄, 数値計算のつぼ, 共立出版, 2004

[10] 二宮市三, 長谷川武光, 秦野やす世, 櫻井鉄也, 杉浦洋, 吉田年雄, 数値計算のわざ, 共立出版, 2007

[11] 森正武, 数値解析第 2 版, 共立出版, 2002

[12] 山本哲朗, 数値解析入門増訂版, サイエンス社, 2003

[13] G. H. Golub, C. F. Van Loan, Matrix Computations, Johns Hopkins Univ. Press, 第 4 版, 2012

[14] Y. Saad, Iterative Methods for Sparse Linear Systems, Society for Industrial and Applied Mathematics, 第 2 版, 2003

[15] G. W. Stewart, Afternotes Goes to Graduate School: Lectures on Advanced Numerical Analysis, SIAM, 1987

[16] G. W. Stewart, Afternotes on Numerical Analysis, SIAM, 1996

索引

●配列は五十音順，＊は人名を示す。

著者紹介

櫻井鉄也 (さくらい・てつや)

1961 年　岐阜県生まれ
1986 年　名古屋大学大学院工学研究科博士課程前期課程修了
現在　　筑波大学人工知能科学センターセンター長・同大学理工生
　　　　命情報学院教授・放送大学客員教授・理化学研究所客員主
　　　　幹研究員・博士（工学）
専攻　　数値解析学
主な著書　数値計算法（共著，オーム社）1998
　　　　MATLAB/Scilab で理解する数値計算（東京大学出版会）
　　　　2003
　　　　数値計算のつぼ（共著，共立出版）2004
　　　　数値計算のわざ（共著，共立出版）2006
　　　　現代数理科学事典 第 2 版（共著，丸善）2009
　　　　計算力学理論ハンドブック（共著，朝倉書店）2010
　　　　シミュレーション辞典（共著，コロナ社）2012
　　　　数値線形代数の数理と HPC (シリーズ応用数理 6 巻)（共
　　　　著，共立出版）2018
　　　　固有値計算と特異値計算 (計算力学レクチャーコース)（共
　　　　著，日本計算工学会）2019

放送大学教材　1579355-1-2211（ラジオ）

改訂版　数値の処理と数値解析

発　行　　2022 年 3 月 20 日　第 1 刷
著　者　　櫻井鉄也
発行所　　一般財団法人　放送大学教育振興会
　　　　　〒 105-0001　東京都港区虎ノ門 1-14-1　郵政福祉琴平ビル
　　　　　電話　03（3502）2750

Printed in Japan　ISBN978-4-595-32349-2　C1355